不必等风来，你跑起来就有风

文长长 — 著

新世界出版社
NEW WORLD PRESS

我们缺的不是做某件事的能力，

缺的是守住我们好不容易养成的习惯的能力。

真正的努力不该只是在某个时间段内认真工作，

而应是持久地践行某种生活原则。

那些擅长把生活过得美好的人，

拥有最多的不是经营生活的实操技能，

而是好好生活的美好心态。

内心可爱之人，很容易被生活的可爱瞬间治愈。

不要因为一次爱不好、爱不到，就怀疑自己。

南墙存在的意义，

只是告诉你这条路走不通了，换条路走走看。

只要你不想被它伤害，它就没法伤害你。

读书的时候，

特别爱说“走自己的路，让别人去说吧”。

如今，早已不在意旁人说了什么，

更把这句话改为“走自己的路，也别操心别人的人生”。

我只管塑造我自己，也只能塑造自己。

不要小瞧任何一个在节假日都坚持运动、保持自律的女孩，

也不要小瞧一个女孩变好、变美的决心。

她们的脸上洋溢着对更好的自己的期待，

但也不只是期待，

她们是把期待变成行动、梦想变成现实的人。

前言

自己的玫瑰，自己种

1

写这本书时，我日常最多的情绪是不安与焦虑。这份焦虑不是来自写作本身，而是来自生活，来自工作，来自感情，来自女性身份。对于一个把坚强、勇敢、美好挂在嘴边的女性写作者来说，公开承认自己对生活、对工作、对婚姻的焦虑，真的挺难的，稍有不慎就会被旁人说知行不一。

这些我都知道。

但我必须对自己坦诚，在过去的一年多时间里，我的内心的确有过很多不安与焦虑的时刻。

怕做不好老板布置的工作被骂，被否定，甚至被穿小鞋；怕不努力，找不到周围人眼中所谓的好工作，从此过不好人生；没对象时，怕有一天身边人都结婚了，只剩自己孤独终老；有对象后，怕经营不好感情，怕这份感情不够坚定，经不起变化，怕未知的变数；怕有一天醒来，体重秤上的数字变得很吓人，如今每天醒来最开始的心情是由体重秤上的数字决定的；怕变丑，变老，变糟糕，变成自己很讨厌的模样。

女性的焦虑，从来没停止过。

不记得具体是从哪天开始，那些我在二十来岁时看不懂的女性课题，都能明白了。

二十出头时不曾有的焦虑，如今也有了。

2

我不是那种允许自己长期沉溺于某种情绪的人，尽管不安，但我从未放弃过想办法安抚好负面情绪的努力。

不希望自己过得太丧气，每天睁眼醒来，都会主动跟自己说一句“今天的我很开心”，或是“今天会是很美好的一天”；不喜欢在感情里的那份不安感，那便用快乐感、成就感、满意感、幸福感，以及对未来的可控感去扭转那份不安。去运动，在运动中察觉到自己的力量。保持学习，保持进步，反复且有耐心地告诉自己：“别否定自己，你值得被爱，值得幸福；也别怕失去，你没有因为受宠爱而自废武功。”

害怕搞砸人生，那便努力认真地过好自己可控制的这部分人生。

为了内心的这份踏实与自得，我做了很多努力。但是后来我发现，所谓的更优秀、更美好、赚钱更多、身材更好、学历更高，没办法从根本上缓解女性内心深处的不安感。

不论多么优秀，面对生活，面对感情，面对工作，女性或多或少都会有些许不安感。

3

也曾怀疑过自己，是否我的性格体质比较另类，我对苦难的感觉比较敏锐，所以我时常感受到这种不安。

有一次跟比较信任的朋友聊天，说起这份不安感。我说，尽管我目前的人生挺好的，是朝着别人眼中的美好未来奔去，但说实话，我对生活、对感情、对未来都很没安全感，总感觉稍微不努力，人生就会失控。我总在怀疑是不是我的内心缺失点什么。

朋友回了我很长一段话，她说：“其实很多人都会有这种不安感，现代独立女性不是很多都这样吗？有时觉得女性独立背后的深层原因是女性强大的不安感。有多少家庭真的会因为女性不赚钱、当家庭主妇就过不下去？但是大家还是拼了命要赚钱，要让自己变得更好，这真的只是因为‘爱吃苦’吗？”

除了教育让女性坚信人生应该实现自己的价值，“你要靠自己”的心理暗示也在潜移默化中催化了不安全感。

接着，朋友对我讲了她妈妈的故事。

她感觉她妈妈其实生活得很不幸福，即便只用在家带孩子、做家务也过得很辛苦，而且在家里很没分量，没有话语权。那份对生活的话语权让渡于赚钱更多、承担更多家庭责任的父亲。即便父母还算恩爱，但很多时候，能明显感受到母亲的憋屈。那是一辈子的憋屈。

所以，从小到大，她妈妈一直教育她要自强，要独立，要努力，要能自己挣钱，不要过掌心朝上的生活。

我说，我妈妈也是如此。即便我父亲很好，但这么多年，我也见证了她很多憋屈的时刻。

从我记事起，我妈妈就一直跟我说：“以后不要想着靠任何人，一定要自己赚钱，一定要经济独立。”那时年纪小，处于女儿这个身份阶段，看着美好的家庭，总觉得父母都过得很好，以为我妈妈这般说只是希望我成为一个经济独立的女性。

如今站在妈妈的视角，再回看这一切，才明白当年的妈妈肯定不安过，委屈过，有着很多很多的憋屈时刻。

她对我说的那句“女孩要独立”，是不希望身为女性的我长大后也要忍受这份憋屈。

传统女性的婚姻大多如此，看似平淡，但也藏着很多很多委屈。

朋友说，说到底我们都是那种没办法把自己的命运交给别人的人，所以我们会不安，会害怕因为自己不努力而搞砸生活、搞砸工作、搞砸未来，会害怕失去掌控自己的人生的主动权。这都是正常的情绪。

因为那份不安感而感到辛苦吗？

有什么好辛苦的。我们的话语权只能靠自己努力工作、努力赚钱得到，不是吗？

辛苦也好，压力大也罢，我们所做的一切都是为了自己。

如此一想，当下的处境也没那么糟糕，那看似充满不确定性的未来，好似也没那么让人不安了。

这不是夸大女性独立的好处，也并非说男性不好。每个人都有自身要面对的人生课题，女性有女性的使命，男性也有男性的压力。

凡人都辛苦，别太委屈，也别抱怨。说到底，无论男性，还是女性，我们努力都只是在为自己的人生负责。

自己的人生自己选，自己努力，自己承担后果，就够了。

4

在和朋友聊天的最后，她给我发了一张电视剧的截图，上面写着：用力哭，不如用力跑。

以前的我肯定会觉得这句话太像鸡汤，然而在人生长河中来回蹚过几回，再回看这一切，只觉得这句简单“粗暴”的话说的就是人生。生活本来就是一段不断为自己熬鸡汤，再灌自己喝下去的旅程。

人生再难走，还是要走下去；“鸡汤”再被人瞧不起，关键时候它也最能治愈你。

这一次，我的选择依旧是：自己的玫瑰，自己种；自己的浪漫人生，自己给。

不要害怕不确定，也别焦虑未来。我相信，一切比我们所期待的，还要好一点点。

嗯，一定会的。

并非喜欢“吃苦”，只是普通人家的女孩不能输。

无人在身后兜底，也无铺好的路。

想要的一切，无论是好的工作、好的爱情、好的人生，

都只能靠自己去奋进，去争取，

用努力换一份不错的人生。

目 录

每一个普通但努力生活的年轻女孩，

都很了不起。

致敬在这个偶尔复杂又糟糕的世界里，

依旧选择浪漫活着的你。

01#

—

别问能不能到最后，
爱一天有一天的温柔

不要怕爱错，也不要怕没有爱到最后，
谁都不知道，他到底是不是对的人。

毕竟爱情这个东西，就像通宵打游戏，
旁人觉得你好累，
只有你自己知道，在这个过程中玩得有多爽！
在爱情里，尊重自己的感受很重要。

—

1

我花了三年时间，跟我喜欢的那个人成了朋友。

这不是故事，也不是一个段子。

2016 年的时候，看完《从你的全世界路过》，我没为幺鸡偷偷的喜欢太感动，没为荔枝和茅十八的爱情太难过，也没太为猪头的痴情心疼，我唯一的想法就是，人跟人之间的关系真的太脆弱了，一个不留心的转身间，两个原本连接再强的人，也能完全地消失在彼此的世界中，好像从不曾来过。

从电影院出来，我靠在墙上，给他发了很长一段信息。我说：“你知道为什么我拼命地想继续留在你的身边吗，因为我真的还没做好你从我的世界完全离开的准备。我怕一个不留神，再回头我们已经是陌生人了。”

那时，我们还不是很熟，我也不知道当时自己的脑子哪里抽了筋，哪来的勇气，给他发了这么长一段话。唯一能解释得清的就是：年轻的时候，我们喜欢一个人，是不需要别人鼓劲壮胆的，我们充满了勇气，横冲直撞，勇往直前，哪怕前方就是南墙。

这三年，我们之间发生了很多故事。我喜欢过他，我跟他说过我喜欢他，我写文章骂过他无数遍，我胡搅蛮缠过，我们大吵过，有次吵得很凶，还绝交过半年，之后又和好了，很小心地一点点消除对方内心的芥蒂。

我跟他说过：“我讨厌你。”我也真心地跟他说过：“就算你有时候不那么好，我还是觉得认识你真的很好。”

我以前觉得，百分之百不掺水的喜欢，才算真的喜欢，但现在我发现，世上真不存在这样的喜欢。现实生活中更多的喜欢是：我们的这段关系也许没那么无私，有过喜欢，也真的怨过，有自己的精明，也有真心为对方好的瞬间，有过委屈，也开心过，有过坚持，也有无数次想要离开的瞬间。

但在把所有的这一切都经历了一遍后，我的内心还是想去靠近你。对你的喜欢，还是比对你的讨厌多那么一点点。

到如今，我们已经是很自然的关系了。我每次不管去哪里，无论是去旅游，还是在家逛淘宝，看到某样东西感觉很适合他，或者觉得他看到这个会开心，就会买下来，送给他。就像对家人一样，不需要特意去挑选礼物送给他们，就是无意间看到一样东西，条件反射地觉得他们会喜欢这个，就买下来，带回去。

一切都很自然，对他也是。

选择跟他继续做朋友，也没有什么特别动人的原因，可能就像看完《从你的全世界路过》，我对他说的那句话——“我就是没做好准备，可以眼睁睁地看着你从我的世界离开。”

还有一句——“我还不舍得。”

2

有人问：“你这么缺朋友吗？”

对啊，我就是缺朋友。我喜欢他，肯定他的身上有吸引我的地方，既然发展不成别的关系，那我就不带杂念地和我欣赏的这个人做朋友。难道我们身边别的朋友，我们不是因为觉得他们好，才要跟他们相处的吗？因为喜欢，所以才更要做朋友啊。

有人会问：“那你跟喜欢的人做朋友，不累吗？”

不。跟喜欢的人做朋友，最大的好处就是你不用太勉强自己。

想找他了，那就去找他，他忙，也能很自然地走开，不会觉得“自己主动了一次，被忽视很尴尬”。朋友之间不存在谁主动谁不主动这一说法。

想跟他讲最近生活里有什么有趣的事，那就去找他分享，不会想太多“这件事要不要跟他分享，他听完会不会觉得我怎样怎样不好”。管他怎么觉得，反正我就是想跟他说话，说完我该说的，我就开心了。

他让我不爽了，就去跟他讲，去骂他，去问他为什么这样。有时他解释，我看心情选择原谅或不原谅；有时他不解释，那也没关系，不解释拉倒，反正我表达了我的情绪，你知道我不满就好。

当我拿出做朋友的心态跟他相处，自己会轻松很多，少了很多内耗，不用去想“他现在在干吗”，不会一直猜“他为什么不来找我说话”，不会独自委屈“为什么他要那样做”，更不会花很长时间纠结“要怎么忘记那个人”。

就是很干脆的“敢说敢做”，想问啥就去问。我就是抱着“喜欢上了算我赚，没喜欢上那就赚个朋友”的心态去跟他相处。

有人会说：“你心真大。难道看到他跟别的异性走得很近，不会难过吗？”

起初会，但后来不会了。有人说忘掉一个人最好的办法，是远离，是时间，是新欢。

但我觉得不是的。

在感情里放下一个人最好的办法就是走近他。

起初你喜欢他，你眼中看到的他是美图秀秀 PS 后的亮丽，所以是发光的，是你心之所往的。你不去想办法走近看一看他，不去多跟他说几次话，不去多了解一点他，你就不会知道：原来跟他说话也没那么心动；原来他回复的消息，也跟别人的回复一样，只是一条回复而已；原来他也只是个跟你我他一样的凡人，也有憨憨的一面；原来他也并不都是美好的，并不是什么都能做好。

凡事都怕熟，熟悉是打破一切迷恋的最好方法。你不去接近他，你就永远没办法打破你心中对他的幻想，永远没办法建立那真实的他的形象。

等你走近他了，就算你依旧喜欢他，那份喜欢也不再是建立在空中楼阁之上，而是更带烟火气的喜欢。你会看到他的很多为难、很多不得已、很多你我他都会有的窘迫。如此，在这份喜欢中，多了一份特定情境中的理解，是一种我愿意去懂你、我愿意去尊重你的选择，也是一种我只希望你好、你怎样都可以、只要你真的觉得好的祝福。

成年人的喜欢，有时候很自私，有时候也真的很无私。

3

其实此前我一直在思考对这个问题怎么回答才更好。但我们都知道，这种问题哪有什么标准答案啊。

喜欢、不喜欢、要不要做朋友，不都是一个人的选择吗？

只是在这个问题里，我的选择是“要”罢了。

但是在这里，我更想说的不是哪个选择更好。这不是我原本的目的。

你们知道吗，我在十八岁喜欢渣男的时候，看到身边的人好像都很聪明，去跟看起来很靠谱的人谈恋爱。我不止一次怀疑：“为什么我总是爱上这么不靠谱的人？是不是我太年轻、经历不够，所以爱情这道题总做不好？”我很长一段时间不敢相信自己在爱情里做的选择，怕自己做的选择不好。

对于自己的爱情问题，我相信别人超过相信自己。

在三年前遇到他，我感觉到自己好像对他还蛮依赖，我一开始是怕的，我怀疑自己“为什么又选择了一段很辛苦的感情，是不是自己还是不够成熟，依旧不懂爱”。

到如今我成长了，懂得权衡利弊，会处理很多关系，可是面对爱情选择时依旧会上头。我成功地把曾经很喜欢的那个人变成了如今很信任的朋友，看起来又在做旁人眼中很不符合某种常规的事。

只是现在，我不会再怀疑自己，我开始坚定。人性是复杂的，我们喜欢某人其实也是很复杂的一件事，没有那么多的完全正确。

在很长一段时间，我们都刻板地以为，爱情就应该是美好的，分手就该老死不相往来，喜欢的人就是不适合做朋友。但是世界这么丰富多彩，你跟别人做了不一样的选择，爱了渣男，和前任做了好朋友，和喜欢的人做了好朋友，难道就是错的吗？就是你这个人品质不好、选择不对吗？

不，我不觉得。

这也是我想把这个故事分享给大家的原因。我支持你们对感情大刀阔斧，遇到错的人，敢于断舍离，这是很好的品质。但我更想对那些与曾经的我一样，因为选择跟别人不一样而怀疑自己的人说：“没关系，你不是一个人，在这世上与别人不一样并不可耻。”

还想和对方继续做朋友，没什么好丢人的，也无须觉得自己的选择有问题。不必过分责怪自己恋恋不舍，即使忘不了、放不下、不想放，你也没错。

我们都在讲人生需要自信，但其实在爱情里一样需要自信。这种自信，不仅是你要相信自己足够好、值得被爱，更是你敢去爱你想爱的那个人，敢去留你想留的那个人。

不要怕爱错，也不要怕没有爱到最后。谁都不知道，他到底是不是对的人。

毕竟爱情这个东西，就像通宵打游戏，旁人觉得你好累，只有你自己知道，在这个过程中玩得有多爽！

就像我，到现在仍觉得，纵使他有过一些不好，他依旧是我在二十岁那年遇到的最好的一个人。

与他相关的，好的、坏的，我都不愿拱手让人，我会照单全收。

在爱情里，尊重自己的感受很重要。

愿你的爱出自本心。

02#

—

做有序的自己，
等待万物更新

那些擅长把生活过得美好的人，
拥有最多的不是经营生活的实操技能，
而是好好生活下去的美好心态。

内心可爱之人，
很容易被生活的可爱瞬间治愈。

—

1

几日前，我一直在为一件未决之事担忧，太在意“未做好会被批评”，以至于在成果展示前逼着自己反复修改，生怕此刻的不尽力会带来不好的结果。

我跟朋友开玩笑说：“在成果展示结果出来前，我肯定不会快乐了。”

朋友只简单回复道：“他上次已经给过你最差的分数，这次依旧是他评分，你最坏的结果也不过是再拿一个差分。你已经有了一个最差的分数，还怕再多一个吗？何须为这件事过分影响原本的生活节奏？”

我原本很焦灼，但在听完朋友这段“反向安慰”后，我那颗悬而不敢放下的心得以放下了。何须因未发生之事过分内耗，最坏的结果也不过如此。一切仍在可控范围之内，一切也没我们预想的糟糕。

被那些烦闷困扰，曾以为自己的生活最糟糕、一地鸡毛，兜转了一圈才明白：很多时候，不是生活糟糕，而是我们没有发现生活的美好之处。

生活原本比我们想象的更美好，只要你擅于经营，擅于发现美好。

年纪小一些的时候，从电视剧里看到“经营生活”“经营爱情”之类的字眼，只觉高深，总觉得像是拥有三头六臂，厨艺、烘焙、收纳、管理样样精通，情商、智慧、格局时刻在线之人，才配得上“经营”二字。

在人海中兜兜转转，一路跌跌撞撞，如今终于到了电视剧里说的该懂得“经营”的成年人年纪。没长成小时候想象的“三头六臂”的女超人般模样，没能成为那个全能、擅长“经营”很多事的完美的自己，偶尔会崩溃，偶尔会搞砸很多事，偶尔也会做一些事后想起来感觉自己真没“情商”的事。

但也做成了一些事。在那些艰难时刻，没被打败，依旧坚挺，直到危机化为转机，直到悲伤化为美好；在那些崩溃时刻，哭完也能自己擦干眼泪，而后爬起来继续面对生活；再遇心碎时刻，终于没那么不堪一击，心里也多了些坚强与坚定。

没能活成想象中擅长经营生活的模样，但依旧把生活过得很好。回看那句“经营”，终于明白：一直以来，是我们把“经营”这件事想得太复杂了。拥有美好生活，并不需要那么多技能。

经营生活的本质是经营自己的心态。当你状态美好，当你坚强勇敢，当你懂得放过自己，当你不再畏惧失去，你的生活也会变得美好。

那些擅长把生活过得美好的人，拥有最多的不是经营生活的实操技能，而是好好生活下去的美好心态。

2

允许事情不如己意不是不作为，也并非逆来顺受。允许是认清自己的力量所在。世事多变，我们无法掌控人生的所有命题，总有无能为力的悲伤时刻，总有不可避免的心碎时刻，总有无法预知的事情发生，我们无法改变。我们能做的即是掌控好我们可掌控的那部分人生。

不为未发生的事过早担忧。不去担忧爱人的心意会不会改变，不去担忧所做之事有没有美好的结果，不去担忧未来会遇到的麻烦。

允许最糟糕的情况发生，允许生活充满麻烦，允许你所爱之人不爱你，允许生命消亡、感情消失，允许本来会发生的事情发生。这是大前提，而后脚踏实地地生活，不焦虑，接受充满可能性与变化的生活的同时，也要允许自己时刻拥有生活的主动权。

闲时看花赏月，以自己喜欢的方式过生活；忙时就认真忙碌，接受忙碌本是常态，不悲不怨；被爱时，就好好爱，珍惜与珍重这段感情；感情出现变化时，也学着去接受，这也是人生可能遇到的变故，学会过好独居生活，换上喜欢的床具，买回喜爱的餐具，吃自己爱吃的食物，看自己喜欢的电影，偶尔也能给自己买花买惊喜。

允许没办法阻止的坏事发生，这部分是我们没办法控制的。我们能控制的是自己人生的这部分，能选择的是如何看待发生在我们身上的一切。我们要做的是不悲不闹，积攒能量，不论何时，不论发生什么，总能自娱自乐。

3

去努力做一些美好的事，但不要为了在社交平台上展示自己生活得美好，而刻意去做一些看起来美好却不会真正滋养人生的事。

无须过多关注他人的生活，也无须投入过多注意力在虚拟网络上，他人的好坏与我们无关。扎根生活，多去做真实的事。

尝试给自己做顿想吃的美食，体会自己动手的快乐；去菜市场买一次菜，看到那么多普通人依旧在为生计奔波，自己所受的压力与委屈就会消散很多，还能收获很多动力；定期收拾住所，这样在拥有一个舒心住所的同时，也会明白于人生而言，自己究竟更在乎什么；真诚去爱一个人，去见面，去拥抱，去亲吻，去一起吃好多好多顿饭，而不是停留在社交平台上那句“吃了吗”，也不要抓着聊天软件上的回复速度去揣测对方是不是喜欢自己；为某场考试、某个项目、某个目标拼尽全力努力一次，去真正做一些能改变自己人生的事。

关心自己每日吃好穿暖开心否，关心今日自己的工作学业相较往日进步否，关心那个实实在在在身边关心你的人，关心做点什么能真正让自己的生活质量提高，关心自己内心的真实想法，关注自己快乐与否，关注自身发展。

此为真正的取悦自己。

4

年纪稍小一点，喜欢往嘴里大口塞高热量、高油脂食物，大快朵颐，开心得不得了。那时总以为犒劳自己吃喜欢的食物，便是对自己好。二十出头的胃也尚能接受高热量、高卡路里食物的摧残，当时并不理解那些每日吃得健康清淡的人。

总觉得他们好笑，如果不是为了减肥，难道这世上真的有人喜欢吃得这么低脂、低卡、不油腻吗？我不信的。

后来，稍大了些，不得不承认，自己的胃和身体真的没有以前那么耐扛了。每次在外面大油大腻、冷热不均地吃上一顿，回家必闹肚子，第二日脸上必冒痘，接连几天气色也会很差，而且还要面对飙上去的体重，身体负担明显增加。

随之而来的是讨厌状态糟糕的自己，讨厌让体重失控的自己，讨厌那个当时没控制住嘴巴的自己。

再后来，索性少吃不健康食物，每日吃粗粮、蔬菜、优质肉类，少吃精加工食物，少油少盐，营养到位。

每日身体轻快，没有过多负担，明白自己是在好好吃饭、好好生活，心情也愉悦。

慢慢终于明白日本生活美学家松浦弥太郎说的那段话了：

“吃下敷衍生产的食物，人不会感到满足。有没有发现，很多人吃完饭团或泡面后，往往会觉得不过瘾，最终又多吃了甜面包和零食。这样的日子过久了，不只是身体，就连心灵的健康都会受损。”

其实不止食物，人生也是如此。图一时舒服，去做那些能快速满足当下欲望的事，去糊弄自己，只会让你的人生堆满赘肉。

少吃会让身体增加负担的食物，少想会让心灵变得沉重的事，少做会让人生变得糟糕的事。吃健康食物，做能滋养人生的事，学会延迟满足，保持自律，认真努力，生活才会回报你。

5

即便生活偶尔可恶，但我永远可爱。这是我一直以来的生活态度。

也有朋友问过我，如何在巨大的工作压力面前，依旧保持积极、乐观。原因很简单：这世间还有很多我心之向往的东西。

我喜欢吃造型可爱、味道也迷人的小甜点；我喜欢穿着美美的衣服拍可爱、俏皮，又有点成熟的好看照片；我享受忙碌一天后冲进舞蹈室，在那一个半小时内忘却烦恼、只专注学跳舞的投入感；我心中有以后想要去玩一玩的城市；我有理想中想要过的生活，在不用工作的早上，睡到自然醒，而后起床，泡一杯咖啡，给自己做一顿健康也好吃的食物。

吃饱后，窝在沙发上看会儿书，找到写作感觉后，再去书桌前写写稿子。工作完毕，下午出门见见三两好友，或是换身休闲服去逛逛超市，囤点想要吃的零食和蔬菜。晚饭或在外面跟朋友热闹吃一顿，或买点新鲜食材和品质较好的肉，买些啤酒，而后回家选一部喜欢的电影，边喝小酒边吃烤肉边看电影。晚上睡前再好好护个肤，然后躺在铺了自己喜欢的床单的床上睡去。

内心深处对可爱生活的向往与渴望，支撑着我好好生活。

每每想着，人间还有这么多我想去做的，还有这么多我喜欢的东西，就觉得很值得。

因为心有所爱，心有渴望，所以任生活烦恼，我始终愿意再努力一点，再加把劲。只要快点把这部分烦恼人生过完，我就可以去过我的快乐生活了。

内心可爱之人，很容易被生活的可爱瞬间治愈。

6

今年，师姐给我的新年祝福里多了四个字：顺势而为。

去年一年，我过得很艰难，也很拧巴。碰到一个难搞的老板，被他骂哭过，被他刁难过，在那些最崩溃、最难过的瞬间，我曾不止一次想过："为什么我当初选择了他？""若我不那么慕强，不非要找个最厉害的人当老板，我现在的日子是否就没那么辛苦？"

但更多的是拧巴，是煎熬。我不喜欢他的做事风格，除去自私、自我外，在某些方面，他的品行还有些不那么好的地方。

我一边讨厌他，一边又不得不继续跟他相处，甚至还需要表现得很尊重他。我无法做到这一点。在我的心中，讨厌即是讨厌，实在没办法跟讨厌之人友好相处。

面对那个状态下无措的我，师姐没有为了安慰我而跟着我一起骂他、吐槽他，只是耐心地跟我讲着老板的喜好，跟我讲着平时如何跟老板相处，甚至具体到老板再说我某件事时，我应该怎样回复他。

在把所有的一切讲完后，她对我说了一句话："没什么没办法相处的，我们本是多变的，在父母面前是一个模样，在老师面前是一个模样，在朋友面前是一个模样。"

人生如戏，全靠演技。

我懂她的意思。那句她没有直接和我说出口的话是：在某些人面前收起你的一部分性格，只表现他想要看到的性格，投其所好，这并不可耻。

即便讨厌对方，但是带着讨厌也是能继续相处下去的。

年纪小一点时，我讨厌那些对他人“投其所好”的人，总觉得若有能力，咱们坦坦荡荡竞争，何必故意讨好谁，背地里来阴的。

在过去的那一年，生活教我明白了一个道理：有时，我们投其所好并非为了讨好别人，“投其所好”的最终受益人是我们自己。

与其说我们在讨好谁，倒不如说我们只是在顺势而为。“为”的目的也只是为自己谋得一份顺遂、美好的人生。

如果你不喜欢“投其所好”，那我祝你接下来总能“顺势而为”。

做有序的自己，等待万物更新。愿你不被万事万物束缚。

03#

—

只要你还爱美，
生活就不会失去希望

“自己”这个东西是看不见的，
撞上一些别的什么，反弹回来，才会了解自己。

追求变美好、变强大，
就是直面我们生活里的一些别的什么东西，撞上去，去追求，去实践，
而后我们才知自己远比自己想象的更强大，
无论面对的是爱情、生活，还是工作。
这才是女性保持独立的意义。

—

1

没安全感，怕对方不再爱，怕遇到感情变故，怕失去，是每个女性在成长过程中都会遇到的难题。即便在这段感情里，对方给了你该有的安全感，你还是时不时会如此这般患得患失。

我不喜欢这种状态，揣着一份感情小心翼翼，怕摔了，也怕破了，还怕过期，很被动。

看过很多情感博主写的感情圣经——有人说，要相信你自己值得被爱；有人说，不要整颗心挂在男人身上，你要有自己的生活，不然对方会腻；有人说，谈恋爱要有良好心态，你要试着去调整心态。

但是，说实话，我觉得这些话都没有很大的作用。

很长一段时间，我都感觉胸闷闷的，好像被什么压住，喘不过气来。我向来不是坐以待毙的人，我喜欢主动出击。

随后，我主动寻找方法缓解焦虑，平息压力。

我开始迷恋运动，每天早上六点八分起床，给自己冲一杯美式咖啡，而后穿衣、洗漱，简单吃点东西后，运动一小时。

起初运动只为出身汗，放松一下自己。坚持一段时间后，看到镜子里的自己，体型更好看，身材更紧致，整个人的精神状态也更好。看着一点点变好的自己，心情和思想突然豁达。

在那个瞬间突然想明白了，不管当下的状态怎样，我都要努力让自己变得好一点、精神饱满一点，每天做一件能让自己变美的事，或瑜伽，或跳绳，或吃得健康。

相信我爱的那个人会喜欢更好看的我，而我也更喜欢更美、更精神焕发的自己。

如此这般，即便后来这段感情真遇上变数，即便最坏的情况发生，我的世界也不至于完全崩塌。至少，我依旧美好，依旧精神焕发，依旧好看，依旧迷人。这是我的爱情哲学，也是我的美好哲学。

我也终于明白，解开“爱情”这道题的钥匙不在旁人身上，而在我们自己身上。能让一个女人不再患得患失的，不是什么爱情圣经，也不是一个现在看起来可靠的恋人，而是她自己。是她的美丽和强大，是她离开任何人依旧过得很好的能力。

长得好看，不能解决一切问题；但让自己始终保持美好的能力，能解决大多数问题。

2

我的一个表姐生完二胎，胖到了一百六十斤。孩子一岁后，她开始积极减肥，去健身房，请私教，报舞蹈培训班，前前后后花了上万块钱。用了接近一年时间，瘦了三十斤。

身边人不理解：花上万块钱去减肥，何必呢？都三十七岁了，是两个孩子的妈妈，胖点就胖点啊。

那是三年前的事，那时我觉得她拼命瘦下来只是为了好看，为了美。跟我的减肥动机一样，为了穿上好看的衣服。

中间发生过一件小事：姐夫每天接小朋友放学，小朋友班上的活动组织得很频繁，姐夫跟小朋友的一个同学的妈妈关系很好，他俩经常一起组织家长们搞各种活动。

有一天，姐姐家的保姆阿姨疑神疑鬼地跟姐姐说了句："小朋友的爸爸跟谁谁谁的妈妈走得很近，他俩经常一起组织活动，他们的关系很好，你要注意看好孩子的爸爸哦。"

本是一句玩笑话，我当时也在旁边。听保姆阿姨说完，我还马上笑着回了句："少在那儿挑拨是非，姐夫才不会这样呢。"

在我眼中，姐姐向来豁达，她有能力，赚得多，很多事想得很开，无所畏惧。

但我记得很清楚，保姆阿姨说完那句话的当晚，姐姐跟我聊天，用开玩笑的语气说："她真搞笑，今天竟然说这样的话。"而后，她又说，"没事的，我怕什么，我自己能挣钱，该有的我都有，我才不怕。"我明白，这句话是她在自我安慰。

姐姐的这句话让我感受到女性的不安。

我以前以为，患得患失的心理仅在恋爱时出现，等结婚了就没了。这件事让我明白，对感情患得患失是女性终身要面对的课题，没人能躲得掉。

这几年，姐姐依旧折腾，学化妆，学游泳，控制饮食，保持体形。她用三年时间瘦了接近五十斤。如今，她四十岁了，但她比三年前更好看，也更自信了。

前几天，她给我发她的照片——她做了个新发型，戴着太阳镜，简洁、干练，依旧美好，依旧充满活力。

在这之前的很长一段时间，我以为姐姐不断尝试新的东西，时刻保持学习状态，只是因为她喜欢不断挑战自己。而我在通过运动与自己的患得患失和解那刻，我突然明白了姐姐这些年的折腾，也是为了和自己的不安更友好地相处。

女性的不安一直存在，任何年龄的女性都会有。二十多岁时，我们因为恋爱患得患失，害怕失去另一半；三十多岁、四十多岁、五十多岁，我们会为婚姻患得患失，担心这段感情生出什么变数。

大多数对爱情患得患失的女性真的没办法豁达说一句：“老娘才不在乎呢，爱咋地咋地。”因为在意，因为在乎，因为爱。

当然，我觉得爱情里的这种“在意”“在乎”也没什么不好的。因为爱，所以在乎，所以在意。这些都是爱情中的正常情绪，是热烈爱着一个人的表现，不该被责怪。

我们想爱一个人，但我们又不想因为爱一个人而把自己逼疯。

所以，女性想出各种办法与自己的不安和平相处，或转移注意力，或充实自己的业余生活，或运动，等等，而所有办法的根本就是：让自己变得更美、更好，让自己更有不怕失去的底气与能力。

我以前偏颇地认为，中年女性不怕失去，不在意自己还美不美这件事。在这里，我为自己曾经的想当然道歉，也为自己对中年女性的误解道歉。

在奔三的路上，如今的我终于能更有底气，也更有力量地说出这段话：“不论年龄多大，不论社会地位如何，每个女性的内心深处都有对美的追求。要永远尊重一个女人对美的追求与热爱。”

3

越长大便越深刻地感受到，很多时候我们的难过是无法被分担的，我们内心的困顿与难受是没办法被几句安慰缓解的。

写作的瓶颈、生活的困境，只能自己去应对。

那晚，我睡得不好，很难受。但第二天闹钟响起，我依旧爬起来，泡咖啡，洗漱，运动。

运动后享受着热水从头淋下来的舒服感，我突然变得开心。在那个瞬间，我突然想明白了问题出在哪里了：把努力变美好这件事归结为治愈爱情里的不安，格局太小了。

我们坚持运动，保持变美，不仅为了安抚那颗在爱情里不安的心，不仅为了维持美丽以被喜欢，更多的是为了在运动与追求美好的过程中，找回那个自信能掌控生活的自己。

如我，感情里的不安与焦灼早已被安抚得当，但我每日依旧坚持运动，保持身材，塑造体形，追求变得更美更好，是因为我喜欢追求变美、关注自身的自己，我喜欢这样生机勃勃、努力向上生长、认真关注自己的喜怒哀乐的自己。

我喜欢那个通过各种努力慢慢掌控生活、掌控自己的情绪的自己。

也许一开始这样做，是为了取悦某个人，为了留住某段感情。但在努力的过程中，随着肉体不断强壮，我们的内心也慢慢强大。

不是不怕失去了，只是慢慢明白：老娘连 20kg 的杠铃都能举得动，网上一个个那么难的运动视频都能坚持跟着做下去，肉体上的苦吃了个遍，都扛得住，那么我还怕什么呢？只管大刀阔斧地去爱、去经历、去体验！

也不是不在意某个人、某段感情了，只是看着变得越来越美好的自己，突然对爱情里的委屈释怀。我本美好，值得被爱，值得被认真对待。若我们认真对待某个人却久久得不到相应的回应，那也只能说明对方配不上我们，他们非我们的良人。

不是不爱了，而是更懂得爱自己了。

也不是在那短暂几个月的运动里突然学到了生活秘籍，突然能自如掌控生活。只是当我们亲眼看到自己的变化，从一个体力不足、动作不完整的小白，到如今能跟上一段完整视频，能完整跳完一支又一支舞。

突然明白我们远比自己想象的更有力量。

在时间的作用下，我们有塑造自己、塑造生活的能力，这是不需倚赖任何人，只要够坚持就能掌控的力量。这份力量给足我们生活的底气，不要怕人生失控，不要怕爱情失意，我们有能力将一切重组起来。

正如日本著名服装设计师山本耀司所说："'自己'这个东西是看不见的，撞上一些别的什么，反弹回来，才会了解自己。"

追求变美好、变强大就是直面我们生活里的一些别的什么东西，撞上去，去追求，去实践，而后我们才知自己远比自己想象中更强大，无论面对的是爱情、生活，还是工作。

这才是女性保持独立的意义。

4

我之前做过一个课题研究——"女性主义"。在第一稿的研究报告中，我写道："网络上很多短视频都在告诉女性要经济独立，要精神独立，要内心强大，不要过分依赖男性，是现代女性自我意志的觉醒。”

记得很清楚，当时老师问了我一个问题。

他说：“许多人以过来人的姿态告诉女性独立，告诉女性不要花男人的钱，要有自己的工作，要经济独立，要独当一面，才能被尊重。他们告诉女性，要懂事，要有自己的生活，不要过分依赖男性，才会更吸引男人；他们告诉女性，不要太黏男朋友，在他们想要独处时，让他们独处，给足对方空间，也给足自己空间，才容易保持恋爱的新鲜感。

“你说，这究竟是女性主义的崛起，是女性在变得越来越好，还是男性在用另一种方式对女性规训，让女性活成男性喜欢的样子呢？”

我想说的是，仅从女性成长角度来说，女性不论为了什么而选择变得美好、变得独立，开始认真搞钱、搞事业，开始钻研变得美好，以及开始热闹过好自己的生活，都是好事，是一种进步。

不论最开始是谁让我们去做这些事，不管他们的目的如何，日复一日，坚持做些会滋养我们人生的事，去变美，去赚钱，去好好生活，最终的受益人都是我们自己。

把原本放在别人身上的注意力转回到自己身上，保持运动，好好工作，努力变美，成为那种“老娘可以爱你，也可以独自热闹生活”的酷飒女性，挺不错的。

成为不管是二十岁、三十岁，还是四十岁、五十岁，都走路带风，不怕失去，不怕跌倒，不管遇到什么事，总有足够强的力量跟生活干上一架，直到干赢的那种美好而很有力量的女性，也挺好的。

如果觉得这些都很难做到，那么保持要变美好的内心与韧性，去成为那种一辈子追逐美好的女子。会崩溃，会哭花脸，会垂头丧气，会难过，偶尔也会抱怨生活，但之后都要站起来，拍拍屁股，给自己打个气，继续勇敢前行。

即便没能活成别人羡慕的那种美好女子也没关系，我们保持内心的美好，依旧去向往美、追逐美，依旧努力去成为美好的存在。让今天的自己比昨天的自己再好一点、再热爱生活一点，这也很美。

总之，当你难过时，就去运动；当你迷茫时，就去做能让你变美好的事；当你怀疑自己时，就反复告诉自己“我比自己想象的更强大、更厉害、更有毅力”。

当你越来越好，哪还会患得患失。

04#

—

走你想走的路，把遗憾留在身后

年龄带给我们最多的不是阅历，
而是对未来的恐惧，
伴随恐惧产生的还有自我怀疑。

人生本来就是一场自己蛊惑自己的游戏，
只有一次次坚定地告诉自己，
我们走的这条路是最对的，
我们才更加有信心走下去。

—

1

“二十五岁之后，谈恋爱就变成很难的一件事了。”这是丁宇在她二十五岁生日说的话。

“三十岁后，谈恋爱真的就是很难的一件事了。”丁宇在她三十岁生日依旧如此说道。

今天是丁宇三十岁生日。二十五岁时，她以为自己已经到了谈恋爱这场通关游戏的困难模式了，却不曾想到，谈恋爱就像减肥一样，只要你想瘦下去，只要你想谈恋爱，总会遇上一个又一个困难时期，停滞不前，举步维艰，怎么少吃、怎么运动都不掉秤，怎么努力都很难脱单。对减肥而言，它的专业术语叫作平台期。

减肥的平台期在你120斤时会遇到，在你110斤时会碰到，在你108、102、100斤时还会再碰到；恋爱中的困难时期，在你25岁会遇到，30岁也还会遇到，甚至以后35岁、40岁，你还会再碰到。

每个人的困难时期都不一样，但每个困难时期都有一个共同点：难。

几杯酒下肚，丁宇开始跟朋友絮叨，重复最多的一番话就是：“我怎么就变成现在这个样子了？十八岁的时候我没现在漂亮，但还有挺多人追我的；二十出头那会儿我没现在有钱，却也有很多暧昧对象。我们总在说：‘等我们变得更好，会遇到更好的人。’我终于变得更好了，但为什么反倒身边一个人都没有？”

人是蛮奇怪的一种生物，二十五岁之前，我们恋爱不顺，会归因为自己不够优秀、圈子太小、男人们太渣，但二十五岁之后，恋爱一坎坷，我们首先怀疑的就是自己。是不是自己要求太高了，眼光太挑剔了，我们的择偶标准有问题？或是直接从根本上怀疑自己，是不是我们就不该活得这么优秀、这么独立？是不是独立女孩真的没人爱？

年龄带给我们最多的不是阅历，而是对未来的恐惧，伴随恐惧产生的还有自我怀疑。

2

就在丁宇为自己一直没办法谈恋爱这件事闹心时，突然有个男人走向丁宇这一桌，朝丁宇邪魅一笑，跟她说：“小妹，我看你今晚心情不好，请你喝三杯酒。”

丁宇问：“你为什么无缘无故请我喝酒？”

男人不回答，自顾自地把三杯酒放在丁宇面前，留下句“每喝下一杯酒，你都有一个机会回到过去，把你内心最遗憾的那件事再做一遍”就走了。

这番说辞，丁宇肯定是不信的，在21世纪的和谐社会，哪来这么神妙的东西。再者说了，“陌生人给的东西，不能随便吃”的道理丁宇也是熟记于心的，更何况是陌生男人给的酒，怎么能随便喝呢？

道理丁宇都是懂的。

但眼前真的被摆上了这样一个机会，丁宇好像突然就明白了为什么电视剧里，神秘人给主角一个按键，说按下去就能回到过去，观众都觉得哪有那样的按键，傻子才会相信，但主角还是选择相信这一切，选择去按下那个按键。

因为人性是贪婪的，每个人已过的人生里或多或少都有些抱憾的事，在某些我们混得很惨的时候，内心也肯定闪过“要是过去做了这件事就好了”的念头。相比对未来的贪心，人们对过去的遗憾有更多执念，更容易耿耿于怀。

丁宇决定喝那三杯酒，像电视剧里面临按键选择的主角一样，她决定当一回观众眼中的“傻子”。不管那个男人说的是不是真的，不管能不能坐上“月光宝盒”回到过去，她都想试一试。

在丁宇眼中，这也是一份只赚不赔的买卖：喝了能回到过去，那就赚了；不能回到过去，就算喝坏了肚子，拉上几天肚子还能瘦几斤，那也还是赚。

这也是丁宇的人生哲学：凡事尽量往好处想。

3

丁宇喝的第一杯是红色的那杯酒。虽然她不喜欢红色，总觉得这个颜色太浓烈，浓烈得有些艳俗，但不可否认的是，从小到大她对这个色彩的记忆有很多。

在《请回答 1988》第一集里，德善穿着那件红得不够彻底的秋衣出场，说这是妈妈们觉得最时尚的颜色。看到这个片段时，丁宇产生了很强烈的共鸣。在少女时代，丁宇也有很多红色的秋衣、秋裤和外套，红色见证了她土气但浓烈的青春。

红色液体入口的时候，丁宇有意尝了一下味道，但也没品出这杯酒里有什么成分。相比普通白酒，这杯酒除了酒劲大一点，丁宇也没发现有什么区别。

我们平时难过时喝烈酒，多少带些自怜或自虐的情绪，缓慢地入口，去体会酒的辣感和苦感，好像人生和这杯酒一样难以下咽。这份情绪里多少是带些快感的，我们享受着自己被酒麻醉的感觉。但这杯红色的酒真的太烈了，入口只觉呛人和辣喉咙，丁宇是闭着眼睛硬生生逼自己灌下去的。

入肚五分钟左右，丁宇眼前一黑，再次努力睁开眼时，她回到了十八岁。

像是一场梦，但一切又很真实，有熟悉的教室，有被各种颜色的笔写满各种小字的课桌，环顾四周，还有很多这辈子都不想再见到，但面孔依旧很熟悉的同学。

真实人生里的十八岁，丁宇同时被两个男生追求，一个是老师们都喜欢的聪明男孩，另一个是身上总带着点被爱情伤过的淡淡忧伤，但那份忧伤又刚好迷人的“坏男孩”。就像每个年轻男孩心里都有个英雄救美的梦，从小看着平凡女孩拯救霸道总裁偶像剧长大的年轻女孩们，心里也有一个拯救美男梦，她们希望有一天能用爱或自己的力量拯救“坏男孩”，然后一起过上幸福人生。

丁宇也有一个这样的梦。

真实的人生里，十八岁的丁宇选择的是“坏男孩”，暂且称他为 N。N 是一个很浪漫的男孩，但浪漫的男孩往往是让人猜不透的。和浪漫的 N 在一起时，丁宇总有一种感觉，这个男孩心里好像还住着别的女孩，他只是暂时喜欢一下丁宇，待到能离开这座小城，他就会离开丁宇，去找另外那个女孩。

没有足够安全感的恋爱，结局可想而知。但是对和 N 的这段关系，丁宇是不遗憾的。

丁宇遗憾的是，七年后一个偶然的机会，她再次遇到曾经喜欢过她的那个聪明男孩，看到对方现在事业有成、成熟稳重，过得很好，她突然觉得好惋惜。

丁宇自己也知道她不该有这种惋惜感，这份惋惜感只会伤害她自己，但见面结束回到家，丁宇就是忍不住去想，也不止一次在内心反问自己：如果十八岁时爱的是那个优秀男孩，有一个优秀的爱人，在他的庇护下，自己的人生会不会过得更好一点？

答案谁都不知道，谁都没办法确定如果曾经爱上的是另一个人，是跟另一个人谈恋爱，此刻会不会有一个不一样，或者更轻松一点的人生。

丁宇好奇这个答案，所以她想重新回到十八岁，她要为自己的人生试卷上的那道爱情题重做一次选择。喝完酒杯里的红色液体，重回到十八岁的丁宇这一次选择了优秀男孩。

在丁宇的第二次十八岁里，她和优秀男孩谈恋爱，优秀男孩给她辅导功课，教她写作业，帮她进步，这次丁宇高考时比上次考得好一些。她和优秀男孩在同一座城市上大学，刚开始时还是很开心的。军训期间，他们一起吐槽军训教官，吐槽为什么一军训天气就这么好，明明前几天天还是阴的，吐槽食堂的饭菜，就像所有大学生一样，总觉得自己学校食堂的饭最难吃。

军训结束那天恰好是中秋节，丁宇坐了好久公交车去优秀男孩的学校给他送月饼。

他们一起吃了午饭。那时流行鸡公煲，那天中午他们一起吃的就是鸡公煲。吃完饭，优秀男孩带丁宇逛自己的学校。那天丁宇挺开心的，她和优秀男孩一起过了个只属于他们的中秋节。

丁宇的学校和优秀男孩的学校在城市的不同方向，虽是同城恋爱，但见上一面也很辛苦。城市那么大，大到他们每次见面都要坐两三个小时的公交，那时也还没地铁，还要转好几趟公交。

两个人相隔的距离，潜移默化地影响着恋爱的幸福度。

每次聊天，他们聊得最多的是高中那些事，毕竟彼此的大学生活，对方都没真正参与，也没什么共同话题。但再好的话题，聊多了也会变得乏味。慢慢地，他们每天的聊天只剩重复性地问着“醒了吗”“吃了吗”“睡了吗”。

再后来，两个无话不说的人变成无话可说的两个人。他们由最初的一周见一面，慢慢两周见一面，再到一个月见一面，再到必须见面时才见面。

丁宇最后还是和优秀男孩分手了。分手那刻，在年轻丁宇身体里的三十岁的丁宇突然感慨，还是成年人现实点的感情好。未来很不确定的两个单纯的年轻人，纵使有着再热烈的感情，有再多的事情想跟对方分享，日复一日奔着不知道终点在哪儿的方向前行，走着走着也真的很容易迷茫。

但成年人现实的感情就不一样了，至少彼此是奔着买房买车去的，有着共同的目标，走下去多少容易点。

丁宇亲眼看着自己跟优秀男孩分手，才终于愿意相信：不管怎么选，优秀男孩后来的“优秀”都跟她没多大关系。

一段感情，并不是两个人选择了在一起就会有好结果。还有，过去没做的事纵使真有机会去做一次，也未必会成。

任何事都会有两个结果：好结果和坏结果。挺公平的一点是，两个结果出现的概率是一样的，都是百分之五十。

4

丁宇和优秀男孩恋爱破碎的那刻，红色液体也失效了。清醒后的丁宇再次回到酒桌前，除了面前的三杯酒里有一杯空了，一切如初，她还是三十岁的丁宇。

但她跟之前三十岁的丁宇又有些不同。例如，这次她更熟练地端起桌上那杯绿色的酒一饮而尽，这次她没有品味，很干脆，很快速。人生就是这样，胆怯大多在第一次时发生，一回生，二回熟，三回就习以为常。

这一次，丁宇回到了她的二十二岁，大学毕业那年。二十二岁的丁宇，有一个交往了三年的男朋友 K。那三年里，他们的相处一直挺愉快的，一起吃饭，一起旅游，一起看电影。

那时的快乐还蛮容易的：路边十块钱四串的烤肉烤面筋，俩人吃得津津有味。俩人一起去玩大摆锤，那里的安全员开玩笑地对女孩们说：“考验真心的时候到了，等会儿摆锤转起来，要是你们的男朋友把你们的手放开了，下去后你们要好好考虑一下你们的爱情哦。”丁宇记得很清楚，大摆锤 360 度旋转起来，K 把丁宇的手抓得很紧，真的特别紧。有段时间丁宇迷上了打游戏，她游戏玩得很烂，于是 K 陪她玩游戏，在游戏里保护她。

但最后他们还是分开了，是丁宇坚持分手的。

没有第三者，没有新欢，丁宇在跟 K 分开后，很久没有再谈恋爱。

过了很久，丁宇再跟朋友谈起这段恋爱，她说当时想分手，只是单纯地厌倦了谈恋爱的感觉。跟 K 相处久了，她觉得有点窒息。K 拼命地把她留在身边，丁宇跟朋友聚会他要参加，丁宇跟姐妹出去旅游，K 也要跟着去，感觉 K 的世界里只有丁宇。而且很重要的一点是，丁宇想趁年轻奋斗一把，想要给自己挣一个更好的未来，但 K 是一个没多大野心的人，安于现状。

说得好听点，他这叫作“除了爱，可以什么都不要”，但不好听的说法叫作“不上进”。

丁宇有时也觉得自己挺没骨气的。分手是自己坚持的，K 当时拼命求她留下，她还是坚持要离开。

倔强果断的丁宇本不该怀念的，可这几年，眼看着自己走得越来越远，爬得也越来越高，偶尔晚上下班，一个人回到空荡荡的房子里，也真的觉得好孤独。有那么一两个时刻丁宇也曾想过，如果当初自己不活得那么强硬，留在 K 的身边当个小女人，可能他们已经结婚有小孩了，普通男女的生活好像也挺好的。

这是她想回到那段岁月的一个原因。

一切如期，再睁开眼时，丁宇回到了二十二岁，K 还在身边，爱情也还在。第二次二十二岁的人生里，丁宇没和 K 分手，毕业后他们留在同一个城市，找了工作，搬到一起住。原以为有爱人相伴，会少点难题，可生活在这件事上一点也不偏心，它不放过任何一个单身人士，也不放过任何一对恋人。初入社会的丁宇依旧要学会从学生身份转换到职场人身份，丁宇还是会被老板骂到在楼梯间哭，还是会在下暴雨的某个下班晚高峰，因为没带伞还打不到车，急得在路边哭。

没有 K 在身边的那场人生里她遇到的麻烦，在重来的这场人生中也没能免去。

同样作为社会新鲜人的 K，初入职场也挺艰辛的，他的状态也很低迷。

所以，每天丁宇除了要处理好自己的情绪，还要安抚 K 的情绪，下班回到家，除了照顾好自己的起居生活，还要照顾好 K 的生活。

有时候真的会觉得，人生状态都显示“此刻挺惨”的两个人，是不适合在一起谈恋爱的。因为单身时我们不顺会怪单身没人陪，恋爱时不顺就只能怪恋人不好了。

在这样的状态下相爱，两人之间不会有太多惺惺相惜，在这段感情里彼此感受更多的是“我好委屈啊”，会怀疑会多想“如果当初没有跟这个人在一起，我会不会过得好一点”。

感情终究不是一场雪中送炭，爱情里的我们都希望被拯救，没人会愿意一直消耗自己去拯救别人。

这也是丁宇在爱情里很自私的地方。

丁宇在爱情里是一个很自私的女生，这种自私不是面前有两个苹果，她选择那个大的，而把那个小的给对方，她才不稀罕苹果大小，甚至她可以一个苹果都不要。

丁宇的自私是，她很在意自己在一段感情里的精力消耗，她想要能互相滋养的关系，她可以不向对方索取什么，但对方也不能过度地向她索取，她不会爱一个一直想从她身上借能量的人。

像丁宇这种好胜心强，为了做好一件事能对自己下狠手的女生，是不会甘心跟她眼中没多大野心的男人在一起的。无论是二十二岁的丁宇，还是被社会磨砺过的极度渴望恋爱的三十岁的丁宇，在这个问题上，她的立场都不会改变。

所以，在丁宇的第二场二十二岁人生里，尽管她很努力地维持着和K的关系，她也试图为这段爱情赢得一个圆满的结局，但最后他们还是分手了。她的所有努力也只是为这段感情延长了一点寿命，终究改变不了结局。

人性很难改变，跟人相关的爱情的结局也很难改变。

5

有了前一次的经验，在二十二岁依旧没谈好恋爱的丁宇，这次醒得很快。她也尽快节省时间，喝完最后那杯橙色的酒，进入下一段故事。

最后一次机会，丁宇回到了三年前，也就是她的二十七岁。这一年，她的生活过得挺普通的，没有什么特别的事情，如每一个社畜，她的时间被工作被KPI填满，没有恋爱，也没什么鲜艳的桃花。

这一年，也算她人生的一个转折年。丁宇的父母是很传统的父母，在他们眼里，除了公务员、老师、医生和一些事业单位的工作，其余工作都不算正规工作，都只是打工。

所以看到丁宇漂了那么多年，只漂出了个大龄剩女的身份，丁宇的父母想让她回老家。

丁爸丁妈的原话是：“你这么大年龄了，也没个稳定工作，也不谈恋爱，也不结婚，在外面过得再光鲜又怎样？回老家吧，在我们的身边也很好，找份稳定的工作，找个合适的人结婚吧。”

二十七岁的丁宇很不愿意听到父母说这样的话，所以当时她直接挂了父母的电话。那时她觉得自己做得是对的，但这几年丁宇的心态变了，她开始怀疑当时是不是应该认真思考一下她爸妈的提议。

最近丁宇脑中不断浮现几年前看的一部电影《剩者为王》。看那部电影时，她才二十五岁，看到片中舒淇饰演的盛如曦为单身为年龄焦虑，丁宇还不太理解。甚至丁宇在看这部电影时，内心是羡慕女主的状态的，当时的她想活成盛如曦那样的女性，长得好，工作能力好，赚得不少，如果能这样，哪怕单身也没关系。

这是二十五岁的丁宇的可爱想法。

也才五年，说长不长，说短也不短，在这长长短短的五年时间里，丁宇已经转变了对婚姻的看法。为了确认自己对婚姻的心态真的转变了，她还特意把《剩者为王》这部电影再找出来看了一遍，果然这次看完电影的她焦虑得只想在自己的三十岁这年尽快脱单。

所以，她才想回到三年前。如果按照父母的想法，找个人，结个婚，成个家，拥有普通人的平淡和普通人的幸福，是不是也挺好的？

橙色液体很快在丁宇身上发挥了作用，她回到了三年前。这一次，三年前的她选择了跟现在完全不一样的人生，她回到了老家，找了份工资不高的工作，不停地相亲。相亲多了，丁宇觉得自己就像菜市场卖的那块肉，反复被挑拣，有人嫌这块肉太肥了，有人却嫌这块肉太瘦了，但明明前后都是同一块肉。

除了被挑拣，还要不断地被贴上标签，还要标价，还要被还价，偶尔还会被人说“你这块肉都不新鲜了，都是剩肉了”。这一切挺伤人的。

但最后丁宇总算找到了配得上“合适”二字的结婚对象。结婚这件事也挺像玄学的，只要你真的很想结婚，只要你真的很努力地找结婚对象，到最后你肯定能找到适合你的坑。相亲市场上，那些长久单身的往往是有着想脱单的想法，但又没那么急着脱单的人。

心急虽吃不了热豆腐，但心急的人往往能快速结婚。

在第二次人生里，丁宇过着和大多数人一样的生活：结婚、生子，虽然夫妻俩偶尔会为一些生活琐碎拌几句嘴，但闹完还能再和好，忍耐一下，日子还是能过的。

唯一不好的一点是，丁宇挣得少了，再也不能像以前那样买自己想要的东西了。虽然任何大牌都有平替，但总感觉平价那款除了价格便宜点，什么都不如最想要的那款，人生也是，平价版再好，但偶尔也还是想过高配版的人生。

这次的人生，什么都还行，但“还行”终究不等同于满意。

如果可以的话，丁宇还是想回到自己原来的人生。当丁宇脑中出现这个念头，像是产生了什么化学反应，橙色液体慢慢失效，丁宇再次回到酒桌前。

6

身边帮丁宇庆生的朋友推搡着她，笑着说：“丁宇，你最近酒量不行啊，才几杯下肚，就趴在那休息了。”

丁宇仔细看了好几遍酒桌，并没看到那三杯空掉的酒杯。她问朋友看到过三杯有着“红绿橙”颜色的酒没有，朋友都笑她喝傻了吧，从头到尾大家喝的酒颜色都是白的，哪来的红绿橙颜色的酒。

于是，丁宇跟朋友们讲了自己这场奇遇。就像陶渊明笔下那个误入桃花源的渔人，也像爱丽丝在一场午睡中发现了兔子洞，误入了仙境，三十岁生日当天，丁宇也来了一场奇遇之旅。

朋友们觉得很神妙，竟然有人真的做这种穿越剧情的梦。

丁宇解释道，她最近看了一部韩剧，几个对过去有遗憾的人凑在一起回到过去，想规避过去的风险，弥补过去的遗憾。他们都以为只要回到过去，在那个决定自己人生的关键时刻多做一点事，或者少做一点事，就可以改变自己的命运。但后来的结果是，重回过去的他们，依旧没躲避曾经的那些悲惨，甚至有了更惨的人生。

她最后总结道，大概日有所看，便酒后有所梦吧。

丁宇的这群朋友跟她年纪差不多，际遇也差不多，都是在大城市漂着的单身女性，简称“单漂”女性。大家在听完丁宇这场梦后，都很感慨。朋友们纷纷发表着感言：有人说，我们错过的那个人生，我们没过上的那个人生，未必会比现在更好；有人说，我们内心遗憾没爱到的那个人，就算真的有机会继续爱下去，也许也只是个悲伤的爱情故事；还有人说，不能活在过去，要向前看。

恰逢其时，蛋糕来了，朋友们起哄让丁宇许愿。对着蛋糕，丁宇许下自己三十岁的生日愿望：三十岁，学会自欺欺人。

大家都不知道的是，丁宇并没见过那个对她邪魅一笑的男人，更没看到过红绿橙三杯酒，她没喝醉，也没做梦，那场奇遇之旅，是她自导自演的一场戏。

她不知道如果跟 N 谈恋爱、跟 K 在一起、跟相亲男结婚，人生是不是真的就一定比现在差很多。那条没选择的路，背后藏着的是丰硕的大果实，还是只有被兔子啃得只剩根的烂胡萝卜，这些她都不知道。

对过去，丁宇的的确确有过遗憾，也真的希望有机会改变，想好好再谈场恋爱，想体面地爱一个人，想结婚，想要有个幸福的家庭。可没有这样的机会。

这是她送给自己的三十岁生日礼物，也是她想送给单身朋友们的礼物。

成年人不会允许自己永远活在遗憾之中，所以她选择干脆地把自己对过去的最后那点想象都破灭掉，假装那条自己没选择的路上藏着凶猛的野兽，藏着炸弹，藏着残酷，藏着种种不适应。

人生本来就是一场自己蛊惑自己的游戏，只有一次次坚定地告诉自己，我们走的这条路是最对的，我们才更加有信心走下去。只要有了对未来的信心，哪怕现实再难，我们都是可以走下去的。

人生需要相信。

05#

—

有的人能遇见，已经是上上签

每个来到我们生命中的人，都是带着任务的。
有人教会你勇敢和坚强，有人教会你如何爱一个人，
有人教会你如何在这个流行告别的时代说再见……
还有的人，注定是来相爱的。
而爱情，本就是两个人的相互成全。

—

1

三十五岁那年，张平那略懂卦术的老爹给他算了一卦，说他在三十六岁那年会遇到真命天女，能成家。五年后的今天，四十岁的张平依旧单身，更准确地说，张平一次恋爱都没有谈过。

尽管身处上海这种思想开放的城市，每个听到张平到现在一次恋爱都没谈过的人，还是会吃惊地反问一句："真的吗？"

大家都不相信在21世纪的今天，怎么还有人到了中年却还没谈过一次恋爱的。躺在床上睡不着的张平此刻也在想这个问题：为什么985研究生毕业的自己，混得这么惨，没钱，没房，没车，没老婆，没孩子？

张平在思考，他到底走错了哪一步，才会至今都没谈过恋爱。

中学时代，张平都没和女生说过几句话。出身普通家庭的他，那时一门心思想着要通过努力学习改变命运，总觉得处对象这件事还早，最起码得等读了大学，学业没那么紧再考虑。

可惜后来张平把在大学处对象的计划也推迟了。他高考失利，去了一所不太喜欢的学校，为了圆自己的名校梦，大学四年，他把所有的时间都花在学习和看书上。他给自己的许诺是：等考上研究生，再谈恋爱。

有时觉得蛮有趣的，最初我们上学的目的明明是学到知识，但每个人年少时或多或少都因为某个人或为了获得某段关系而发奋学习过，究竟谈恋爱是努力学习的目的，还是努力学习是谈恋爱的动力，答案不得而知，唯一可以确定的是，年少时我们都为了获得爱情努力过。

研究生期间，张平的的确确喜欢过一个姑娘。姑娘是他的同门小师妹，长得可好看了，嘴还特甜。张平是理工科，需要在实验室做实验，小师妹刚来实验室的时候不太懂各种操作，每次请教张平，一口一个师兄叫得他心都化了。

张平很耐心地教小师妹做实验。那时不流行奶茶，流行汽水，小师妹时不时请张平吃冰棍喝汽水，三毛钱一根冰棍，五毛钱一瓶汽水，可开心了。

那时的快乐很简单，不需要挣多少钱，也不需要花多少钱，五毛钱的汽水就足够让人开心一笑了。那也是张平过得最开心的一段日子，跟小师妹一起去图书馆查资料，一起在实验室做实验，晚上一起离开实验室回宿舍。回宿舍的路上，小师妹会开心地跟张平分享她最近遇到的好玩的事，抑或是吐槽某个人。

女生宿舍离实验室更远，通常张平把小师妹送回宿舍后，再折回男生宿舍。小师妹生病的时候，张平会陪她去医院，会绕很远的路去小师妹喜欢的二食堂给她买吃的，会给她打好饭送到宿舍楼下。

他们每天花很长时间在一块，一起学习，一起做实验，一起回宿舍。

后来张平向小师妹告白了，那是张平第一次正儿八经喜欢一个姑娘，也是张平第一次跟姑娘告白。他以为小师妹已经很清楚他的心意了，毕竟他已经表现得很明显了，但小师妹说只把他当师兄，当朋友。

张平第一次追求一个姑娘，以“我一直以为我们是朋友”结束。

喜欢一个人是挺难的，有时你以为这是爱情了，对方却说只当是朋友，有时你只当对方是朋友，对方却说他爱你。

喜欢这件事，具有双重偶然性，你得猜对方想什么，但有时你又不能只靠猜。

人们都爱说，我们第一段恋爱的状态会影响后面整个人生的恋爱状态。如果第一次爱人时，开心多过难过，那么接下来幸福的可能性更大；如果第一次爱人就被拒绝了，是会在心里留下阴影的，会不敢再爱，会在以后的岁月里带着觉得自己不被爱的阴影走很久。被小师妹拒绝后的张平，很长一段时间不敢再爱了。不知是因为他对小师妹爱得深情，还是小师妹让他对爱情变得深情。

但这都不重要了，爱情失败者的故事，大家向来不爱听。若是硬要对年少时的爱恋做个总结，那就一句：爱情让人成长。究竟是成长得更勇敢，还是更怂，得靠个人造化了。

表白失败后不久，张平就研究生毕业了。那时年轻人迷恋做些疯狂的事，例如在爱而不得后，遇到爱情电影上映，会深情地买两张电影票，一个人去看，旁边一个座位空着，显示自己的孤独；再如被喜欢的人拒绝后，非要把自己灌得烂醉。

我们常说酒能解忧，但其实不是，酒入愁肠，麻木神经，让情绪失控，会更觉得孤独，更为自己的爱而不得而难受。

年轻的张平为爱做过最痴狂的事便是，离小师妹所在的城市远远的，小师妹在南边，他便去最北边工作。既然小师妹不接受他，那他也要识趣地自己滚得远远的。

年轻时，我们爱一个人真是又真诚，又赌气。

2

在北方待的第一个月，张平就后悔了。独自到一个离家几百公里的城市，起初是新奇的，就像我们每个人在工作不顺人际不顺家庭不顺时，都曾想过要去一个没人认识的陌生城市重新开始。窘迫失意的时候我们喜欢陌生感，总感觉陌生人对自己的包容度超过熟悉的人。

但时间稍久，在陌生的城市泡久点儿，看着没有熟悉的人，也没熟悉小吃店的城市，被陌生感裹挟的我们很希望身边有个熟人。其实不是陌生人对我们的包容度更高，只是人性就是如此：身处完全熟悉的环境久了，会倦，会想逃离，会以为陌生才是最好的；可当真的身处陌生环境，在完全熟悉了这种陌生感后，又会拼命想逃离，憧憬和向往着熟悉的事物。

没有的时候想拥有，拥有后又觉得不过尔尔，乃人性劣根。

当然陌生感不是张平想要离开这座城市的主要原因。在北方待的那几年，尽管每天充实地上班加班下班，每天也在认真地生活，但张平内心总感觉没有归属感，自己是漂着的状态，从一个出租屋漂向另一个出租屋，从一个公司漂向另一个公司，从一辆地铁漂向另一辆地铁。

张平原来很讨厌父母吃饭时聊八卦，讨厌吃饭时父母一个劲儿让他吃他不喜欢吃的菜，只因为父母觉得这个吃了好，也讨厌妈妈偶尔打麻将回家晚了或者偶尔输钱了，就不用心做菜，要么炒菜盐放多了，要么菜都没洗干净，吃起来感觉里面有沙子。

但在陌生城市生活了一段时间，张平终于明白了他为什么总感觉在这座城市自己是漂着的状态，因为这里没有他爱的人，没有人等他下班回家吃饭，没人再逼他吃不喜欢吃的菜，甚至连他妈炒煳的菜他都没吃到过，一切都是工业化流水线式生产的食物。

小时候，每次饭点恰好也是张平最爱的动画片播放的时候，张平经常端着碗坐在电视前看动画片，为此没少被爸爸暴揍。父亲说吃饭就得一家人坐在饭桌旁吃。张平一度觉得父亲小题大做，只要把饭吃进肚子里，不管在哪里吃，不都一样吗？时至今日，张平终于理解了父亲说的那句话的意思。

生活的本质，就是吃一顿顿饭。生活的意义就是有人等你吃饭，有人催你吃饭，有人陪你吃饭。

这种漂泊感总给张平一种错觉：总有一天他还会逃离这座城市。他只把自己当成这座城市的一个过客，他也不会喜欢这座城市的姑娘们。因为，他知道自己总有一天会离开这里。

就算有一天要重新爱一个人，也要等一切稳定了再好好爱人。这是张平的想法，也是平凡世界里很多人的想法。我们总想等工作稳定了，等这场考试结束了，等买完房了，等有一定经济基础了再谈恋爱。但爱情又不是做菜，非要等材料都准备好了才能下锅，爱情从来就没有准备好的时候。

当然，这些道理是张平几年后才悟出的。

3

几年后，张平回到上海。当年考大学填志愿的时候，总有旁观者说，一定要慎选城市，一般大学在哪座城市读，以后你多半会留在哪座城市生活。后来的张平觉得这言论就是扯淡，未来在哪个城市发展，跟你在哪个城市读大学没多大关系，人生根本不是一两个瞬间能决定得了的。就像几年后再回到大学所在的城市工作，张平发现压根也没几个同学还留在这座城市了。

大家都像蒲公英一样，风一来就散落了，散到很多我们之前都没想过的地方，生了根。

任何一个选择没轮到自己选的时候，总觉得这个选择很重要，重要到能决定我们的一生，等真正做了选择，几年后再看，发现人生是在每一天慢慢改变的，压根不是哪个选择能决定得了的。就如张平的恋爱，他原以为他换一个城市，就能开始谈甜甜腻腻的恋爱了。

但决定你能不能谈恋爱的，从来不是在哪个城市。

三十六岁那年，张平遇到过一个不错的姑娘——前同事张偏偏。张偏偏性格虽有点强势，但还是很有工作能力的，长得也清清瘦瘦的，是张平喜欢的类型。她三十二岁，张平三十六岁，从年龄上来讲，两人也很搭。这一年也恰好是张平老爹给他算卦会遇到真命天女的年纪，可谓天时地利。

但对于张平这种大叔年纪的人来说，谈恋爱可不止讲天时地利，还看人和。张偏偏最吸引张平，或者说最吸引男人的地方还在于，她是上海本地姑娘，祖祖辈辈在上海生活了很多年。

张平之前在北方工作时认识一个朋友，家在东北，家境一般，还是专科学历，后来发奋图强考了专升本，毕业后在北京工作，认识了北京大妞。女孩恰好看重张平朋友的沉稳踏实靠谱，跟他结婚了，张平朋友就这么在北京安了家。张平可羡慕那个朋友了，娶了个北京老婆，在北京有了家，现如今也有了孩子，生活安稳。

人们常说，姑娘们要擦亮眼睛找对象，做得好不如嫁得好。但现实是，不论男女找对象，都在不断挑选对方。想要改变命运的心，是不分男女的。

这也是张平觉得张偏偏特别适合自己的地方。那时两人还在同一公司，白天一起上班，中午一起吃饭，下班后一起走到地铁站，偶尔在办公室眉目传个情。

办公室恋情就跟校园恋爱一样，在饮水机前倒个水碰到了，都觉得好开心。

张偏偏也是个特别的女子，她曾自信满满地对另一个男同事说，他们公司没结婚的男的，肯定都喜欢过她。

年轻男孩女孩谈恋爱，不敢把钱挂在嘴边，怕被别人说现实，三十几岁的人谈恋爱反倒能直接坦诚地谈房子谈钱。说不清这是成熟后的直率，还是在成年人的眼中现实是种美德。

这是张平最终没和张偏偏进一步发展的主要原因，一个清楚自己的分量，觉得自己拥有足够吸引男性的砝码的女性，又怎会随随便便嫁给一个普普通通的男人。

张平是一个很有自知之明的普通男人，骨子里是自卑的，长相不出众，身材一般般，没挣到多少钱，性格却又内向清高。总之一句话，张平不会来事。

公司刚来的实习生中午跟他们一起吃饭，前辈们都鼓励实习生好好干，张平直接对对方说："我觉得你不适合干这一行。"公司人事考核通过后录取的人，人家适不适合岂是张平能判断的，但他还是要这么说。客户给张平发消息，张平能回复的会回复，暂时还没结论回答的问题，他干脆懒得回复客户，也不解释，直接晾着客户。他的想法倒很简单——"我没办法答复你的问题，干吗回复你"，但他忘了对于一项工作，除了解决对方的问题，还需要缓解合作伙伴在合作中的不确定感和焦虑感。公司领导给张平发消息，遇到不想回复的张平也直接忽略，不回复也不解释，又酷又傻。

张平有时活得就像一只鸵鸟，尽管内心有很多想法，但不敢争取，不敢去做，遇到自己不想解决的问题，就把脑袋埋进沙子。

这样的性格有时真的很恼人：说他说话直吧，但有时说话把人能气死；说他老实，有一就说一，没有就说没有，但他不及时跟客户和领导沟通的脾性也挺恼人的；说他不好吧，但能力也还行。

一个骄傲的普通人想要谈恋爱，本是一件不容易的事。

4

三十六岁那年，张平跟同事说，很后悔年轻的时候没好好把握，没赶紧谈个恋爱，或者成个家，现在想谈恋爱都难了。但影响张平谈恋爱的，从来不是他的年龄，也不是他所在的城市，更不是他的长相。

这世上原本就没有准备好材料才下锅的爱情。

张平三十七岁的时候遇到一个年轻姑娘李夏天，他们是在夏天认识的。

那年夏天，李夏天因为工作关系认识了张平。张平还是那个不会来事的张平，说话不中听，沟通经常没回应，可这些刚好都吸引了李夏天。

不知是不是看多了偶像剧，还是天然的母性光环使然，年轻姑娘偏爱拯救有性格缺陷的男人，总以为自己对他再好一点，陪在他的身边，他的人生就会慢慢变好的。

那几年，李夏天一直陪在张平身边，跟他分享自己遇到的趣事，夏天给张平送西瓜，冬天给张平送手套，春天约张平去公园看花，秋天找张平吃烤肉。

李夏天就像个小太阳一样，拼命地想温暖张平。她跟张平表白过，张平假装没看到，不回应也不拒绝，下次再见面，假装什么都没发生过；她给张平发消息，张平也经常爱理不理，就像他对客户对领导的那副态度，能回答的问题就回，不能回答的问题也不解释一句；张平说他想写小说、想创作，李夏天恰好在文化行业工作，她鼓励张平写作，甚至她已找好了大平台的主编，只要张平写出来了，她直接把稿子发给主编看，无论是出结果还是出建议都会快很多，但三年过去了，张平说了无数遍他要写的小说依旧没写。

认识张平三年后的一个冬天，李夏天约张平一起吃烤肉。五花肉在烤肉架上“呲呲”作响，经过加热，油脂流出来，五花肉像是缩水一样，变得卷曲。

李夏天蘸着酱料吃了一片烤好的五花肉，假装无意地问了张平一句:“你喜欢过我吗？”

张平默不作声，这是他擅长的逃避术。李夏天是很识趣的一个姑娘，等了六十秒没等到回答，假装哈哈哈哈地把话题撇过去了。

那天吃完烤肉后，李夏天再也没有联系过张平。

张平和她的这段关系，本来就全靠李夏天一个人硬撑着，一旦李夏天放弃，这段关系就结束了。

后知后觉的张平半年后才发现李夏天已经好久没来找自己了。偌大的都市，两个人想变回陌生人是一件很容易的事，只要你不联系我，我不联系你，不出一个月，关系就淡了。

张平也反思过，他到底做错了什么，李夏天才会如此决绝地切断跟自己的联系。其实，他什么都没做错，因为在这段关系里，他原本什么都没做过。

一个什么都没做过的人，又哪来做错一说。

5

四十岁的张平活得很痛苦。中年危机，恰逢公司不断裁员，纵使公司没要求加班，他每天也自觉加班到很晚再回家，起码在态度上要让老板看到自己的认真。每天看着老板的脸色，活得小心翼翼且提心吊胆。加之没房没车没老婆，纵使生活在离家很近的上海，张平依旧觉得自己好像一直在漂着，脚没法踩到土地，有时醒来感觉生活很没奔头，看不到未来的希望。

感觉终其一生，自己的一辈子就这样了。

现在的张平对人生有了更深层次的理解。作为一个已经步入中年的男人，他需要一个女人，需要一个女人像线一样拉住他，告诉他这是回家的方向，需要一个女人跟他说多吃点这个、吃了好，需要在他加班时，一个女人跟他说注意安全，我在家里等你。

小时候，那个女人是母亲；长大后，那个女人是妻子。张平心里还住着一个小男孩，无论多大，依旧希望被人照顾，希望被人关心，希望有人陪。

“叮叮叮”“叮叮叮”“叮叮叮”……闹钟响了。

张平马上睁开眼。他从没有在哪个早上，像今天醒得这么快、这么干脆。醒来的第一件事，拿出手机看时间——2020年，翻出钱包里的身份证——1982年。好在今天的他依旧是三十八岁，好在那糟糕的四十岁的人生，只是一场梦。

张平给李夏天发微信，他说：“我昨晚做了个梦。”

“梦到了什么？”

“梦到我四十岁还没爱情，没事业，还遇上大裁员。中年危机加上爱情危机，太难了。”

“有梦到我吗？”

“梦到了，梦到你跟我表白，我们一起吃烤肉，你问我喜不喜欢你。”

“那你怎么回答的？”

“梦里的我没回答你的这个问题，因为我觉得我们的年龄差得有点大，而且你那么漂亮，条件那么好，我怕自己耽误了你，所以一直没敢回答。”

“嗯。”

“但是，李夏天，我是喜欢你的。李夏天，在我很小的时候，我妈就跟我说梦跟现实是相反的。我梦到四十岁那年，你离开了我，如果是相反的话，那是不是说四十岁的时候，你还会留在我身边？所以，我们谈恋爱吧。如果四十岁那年，你还喜欢我，那我们就结婚吧。”

“你怎么突然改变主意了？”

“就……突然觉得恋爱本来是一件需要勇气、需要克服障碍的事，就像考研、考驾照、在几百人面前做思想汇报一样，都是很难的事。

“看着别人随随便便考上研究生，随随便便拿个驾照，随随便便结个婚，随随便便讲个话，我们都会误以为这些都是很简单的事，但只有等真正做了之后才知道：考研的过程很辛苦；考科目二也很难，还要担心上坡会不会熄火，担心边距会不会过宽；在公开场合讲话也很难，需要克服恐惧；谈恋爱也是，需要有勇气走出舒适圈，去义无反顾地拥抱那个喜欢的人。

“以前的我总觉得谈恋爱是顺其自然的事，就跟呼吸一样，是不需要努力的事。但现在我知道了，谈恋爱也需要争取，需要勇气，需要努力。我想留住你，把你留在我的身边。”

“认识你这么久，第一次看你发这么长的消息。”

“李夏天，你愿意跟我在一起吗？”

“你是真的喜欢我吗，还是梦后症？”

“你也知道我这个人不会说话，但我知道我是喜欢你的，喜欢到如果两年后没跟你在一起，我会后悔。或许这个梦是两年后的我穿越过来跟我求救，让我留住你的。”

如果能回到两年前，你会做什么？你会留住什么？你会改变什么？

张平选择留住喜欢的姑娘。可能因为爱情，可能因为不想两年后的自己那么孤独，可能二者都有，但这些都不重要，成年人的恋爱本就复杂又矛盾。人类都一样，单纯又世俗，想要遇到爱情，却总会因为别的原因爱上一个人。因为合适而爱一个人，跟因为爱情而喜欢一个人，本质上没差别。

“我爱你”三个字中，重要的从不是“我”，也不是“你”，而是“爱”。因为爱，才把我们连接在一起。

6

李夏天第一次遇到张平的时候，也是个夏天。

那天刚下班，突然下起了大暴雨，等她刚跑到马路边，路口的绿灯恰好变成了红色。那时李夏天刚到这座城市，还不太熟悉这座城市的脾性，身边的人都打着伞，只有她一个人像小丑一样淋着雨，还没遮挡物，显得很窘迫。

正当她觉得很丢人的时候，站在她旁边的那个男士把他的雨伞往李夏天这边靠了点儿，雨伞过来的程度刚好让她不被淋湿。后来绿灯亮起，那个男士也没说什么，依旧保持原有的距离，帮她打着伞，过了马路，后面又走了很长一段距离，直到走进地铁站。

他们一路上没说什么，他没刻意跟李夏天套近乎，只是帮她打着伞。最后分别的时候，李夏天不停地跟他说谢谢，他也只淡淡地说了句不用谢。那个男人就是张平。

后面的两年时间里，李夏天没费心去找过张平。起初她也只是把他当成自己平凡人生里的小确幸，是那天幸运的她刚好遇到了一个善良的人，他们只是萍水相逢的路人而已。

后来，她们公司要跟另一家公司合作项目，两家公司的项目负责人见面开会，李夏天看到张平的第一眼就认出他了。

他的穿衣风格跟几年前一样，整个人给人的感觉依旧淡淡的，跟人保持着距离，不会因为怕尴尬而故意找话说，也不会说一些漂亮的俏皮话，更不会跟女同事们开玩笑，他一直认真地做好自己的事。

在合作过程中也有同事说他性格不好，很难相处，但李夏天一直觉得张平很好。一个在大马路上善良地帮助女生，又恰好保持该有的距离感，不会让女生不舒服的男人，再讨厌能讨厌到哪里去？有些人的性格本是木讷点、内向点、话少点，但他们一样也是值得被爱的。

外向者有热闹的恋爱方法，内向者也有他们的恋爱之道。这也是李夏天喜欢张平的地方，他有时没那么好，但那样就刚刚好。

后来张平也来问过李夏天：为什么是他？

李夏天每次都只轻轻一笑。她没告诉张平这个爱情故事还有一个 B 面：在那个下着暴雨的夏天，工作不顺、生活不顺、被雨淋得浑身湿透的李夏天，都想好了第二天交辞职信，离开这座冰冷的城市，是那个分她一半伞、送她到地铁口的男人，用他的小小善意把她留在了这座城市。

与其说是张平运气好，捡到了李夏天这个宝，倒不如说是张平在李夏天变成“宝”之前，先拯救了李夏天。

每个来到我们生命中的人，都是带着任务的。有人教会你勇敢和坚强，有人教会你如何爱一个人，有人教会你如何在这个流行告别的时代说再见，有人是为了让你知道这世上总有人偷偷爱着你，有人是为了告诉你“你很值得”。

还有的人，注定是来相爱的。

而爱情，本就是两个人的相互成全。

06#

—

做三四月的事，五六月会有答案

当你足够优秀，当你拥有得足够多，

当你本身的附加值足够大，你看看对方心动不？

跟着时间的指引走，

也许三月你不知道该怎么做，五月就知道了。

—

『还不错的人生』你不必等

普通人家的女孩，不能输。无人在身后兜底，也无铺好的路。
想要的一切，都只能靠自己去争取，用努力换一份稍微不错的人生。

《不必等风来，你跑起来就有风》

『想要的安全感』你不必等

当你把命运依附在一个人、一份情感、一个机遇上时，你不会有安全感。
并非实力强劲、卡有余额就有安全感，
还要有不惧、不忧、不俗的内心做支撑。

《不必等风来，你跑起来就有风》

1

过去半个月，我的状态一直不太好。

每日一到下午五六点，胸中总不由地滋生出一股苦闷，无所适从。不知如何消解，只能用一瓶瓶酒送下肚。

那几日我的日常如下：白天做一个体面的成年人，好不容易挨到傍晚五六点，一头扎进便利店，走到冷藏区拿一盒凉拌毛豆或一盒鸭脖，而后径直走向冰柜抱几瓶啤酒，最后走向结账台。抱着几瓶啤酒的我与在便利店买吃食的同龄人格格不入。我也很羞赧，感觉大家都是正常人，而我像个酒鬼。

我曾试图控制自己的情绪。每日晚上喝得晕乎乎时很认真地发着誓：今天是我最后一次为悲伤喝酒了。但都没用。

第二日，一到傍晚，仍旧悲从心中来。我想不到更直接的放松方式，除了喝酒。

朋友打趣我道："你每日都说这是最后一次喝酒，每日也总在喝酒。"

在那个悲伤时刻，我还不忘自我调侃："昨天说最后一次喝酒是真心的，今天说最后一次喝酒也是真心的。我终于理解了渣男，我相信他们在说你是我最爱的姑娘那刻，内心肯定也是真诚的。

"每个姑娘都有他爱上的理由，就像生活每天都有新的苦，每天都有值得喝一杯的理由。”

等我说完这句话，朋友捧腹大笑，她说她要把我的这句话发在朋友圈。

我也是第一次发现，原来我竟是这般才华横溢呀。

我以前总钦佩那些在日常生活中随便说句话都很风趣幽默的人，好似自己怎么努力，也没办法做到这样风趣幽默。

但在悲伤面前，我看到了自己的一点点幽默。

2

我也想过一些自救的办法。

我们学校的心理学专业向来很强，与之相对应，我们学校的心理咨询中心也很出名，很多校外人士都会来预约咨询。在校生能免费咨询。三月初，我和朋友一起约了个心理咨询，直到前几天才排上。

我一直觉得自己还算坚强，但是在那简短的十五分钟的分诊评估里，在那个老师问了我一句“最近遇到什么事”后，我泣不成声，像个小孩，一边抽泣，一边哽咽着把我当下所有委屈的事一一说出来。

这是自记事起，我第一次在我不认识的陌生人面前大哭，这也是最近情绪不佳的我，第一次诚实地因为我所面临的烦恼而哭泣。

在那个当下，我突然想到也许我并非想象中那么无坚不摧。

我得坦诚地面对自己，我内心有很多很多的恐惧。

后来的结果很戏剧化：在分诊评估环节，从头开始硬生生哭了十五分钟的我，被诊断为没什么事；而平时情绪一直还算稳定，在分诊阶段坚定直视分诊老师的那个朋友，情况却糟糕很多。事后，心理咨询中心多次给我的朋友打电话，跟她敲定预约心理咨询师的时间，她每次都坚决拒绝。

怎么也等不到心理咨询中心电话的我，还主动打电话去问啥时候给我预约心理咨询师。工作人员回复我："你这边还未进入排队序列，等后续安排。"

朋友说我的情况肯定不怎么严重，所以暂缓推进。她还笑我过分主动。对比被多次打电话约时间但都拒绝了的朋友，我的确挺主动。

不过，我很坦诚地回答："我挺想找个专业的陌生人聊一聊的。"

3

那日在心理咨询中心的分诊评估环节，那个穿得很斯文的年轻男士听着我边抽泣边委屈地说："我最近的生活很平淡。之前没办法好好相处的老板，如今也能愉悦相处，前不久他还表扬了我；工作也在预期内推进，每日认真写稿，认真看书；身体也在认真锻炼，每天至少运动一小时，日日如此。但偶尔我就是觉得生活好没意思哦，人生好虚无。”他没忍住，嘴角笑了一下。

如今想起，他当时心里肯定在笑话我。我也知道我只是面临着所有人都会面临的一个人生课题：生活是漫长的，也是平淡的。

但我好像就是跟别人不一样，我就是没办法忍受这种平淡。

他继续问我：“你还有什么事感到难过吗？”

我说：“我很焦虑。人生本如农忙时节，再怎么忙碌，我的内心都是安定的，一旦忙完躺平，我的内心就空虚。”

他问：“你停下会怎么样？”

我说：“焦灼。会觉得别人都在努力往前走，而我在原地踏步，愧疚不安，不该这样的。”

他说：“那你努力去做啊。”

我答：“我不想去做，没有内驱动力直接去做，得事逼到眼前不得不做再去做。”

他继续问我：“我看你的基本情况上写着，你是在工作几年后重新回到学校的。你已经有社会经验了，按理说，你应该明白这种情况是人生常态啊。”

我说："是啊，我明白很多人生哲学。但我就是不开心啊。"

他问："你之前是做什么工作的？"

我说："写书的，出过几本书。"

他饶有兴趣地问我："你写的是哪种类型的书？"

我说："女性励志的，正能量的。"说完这句，我还不忘用一种早已预料到他会问啥的语气补一句，"是不是很惊讶，一个写励志文学的人，还会这么丧？"

他没有安慰我，也没有回应我，我在那个房间里待的最后一分钟，我们都沉默了。我抽了桌上放的一张纸，默默抽泣着，而后我觉得差不多哭够了，擦干眼泪，整理好情绪，走出了那个房间。

临走前，他跟我说："我帮你预约心理咨询师。"我说："好。"

这便是完整的故事。

4

在陌生人面前，委屈地哭上一场，把近来难过的事一一坦诚地说出来，尽管他当时并未给我任何听上去有效的建议，但是事情也有进展。

那晚，我又跑去便利店买了几瓶酒，就着不健康的垃圾食品和内心的苦楚喝下去，晕乎乎地爬上床，认真地把最近让我难过的事又想了一遍，边想边默默哭泣，而后在心里对自己许诺："那部分难过，与这部分只知道借酒浇愁的糟糕的自己，都留在今晚吧。未来山高路远，我不带你们去了。”

那晚之后，我再没有因为悲伤而喝过酒。我开始振作，开始好好生活。

即便偶尔心中仍有苦楚，我也会调侃自己一句：“你已经长成那种不再依赖酒精消解难过的大人了，你要学会去直面自己的难过。”

这些都是发生在三月的故事。

5

你以为我会笔锋一转，在这一行写上“如今到了五月，一切情绪早已消解”，直接过渡到五月吗？

不，我不会的。

生活是平淡的、缓慢的。生活不会因为你此刻的生活无趣，就大发善心给你一点惊喜。

日子都得自己慢慢过。

后面的那段日子，过得如往常般平淡。

每日六点一刻闹钟响起，我赖床到六点半，依旧一杯黑咖啡，而后运动一小时。不过，最近我有了新习惯，我不再那么热衷于无氧运动了，如今的我更喜欢跟着热血又搞笑的小马哥跳上四五十分钟燃脂舞。出一身汗，真的很轻松。

每日生活依旧三点一线，要么在住处，要么在食堂，要么在工作地。不过我又找了几个好看的电视剧，就着张弛有度的剧情下饭，真的很快乐。我也开始给自己制定每日工作计划了，每天必须完成一定量的任务。我好似很享受这一切，每日提上电脑，带上喜欢的水果零食，找一个空处，敲着一行行字，累了吃点水果。

在那个当下突然觉得，努力做点什么，干累了吃点喜欢的水果，也是一种人生快乐。

依旧需要不停开会，偶尔还是会觉得这些会议很没有意义，等待的时候很没意义，讨论的问题大多也很无趣。但那日开完会，老师很认真地对我说："你这次进步很大，真的进步很大。之前我对你一直要求很严格，批评了你很多次，你当时恨我也好，怨我也罢。在我看完你这次交上来的东西后，我觉得我这么严格要求你是对的。"

听到那个平时不苟言笑的老学者嘴里认真说出这段话的那刻，我真的很感动，也很想哭。

虽然我知道，依照他的性格，此刻不管多么肯定你，后面该批评时还是会不留情面地骂你。

尽管此刻这份感动并不能持续很久，但在当下我还是很感动。

生活充满细碎的小确幸。在关键时刻，生活总会用它的办法一点点感化我们那颗以为不会再热烈的心。

我也跟好久不见的朋友一起吃了饭，更准确地说是真诚地夜谈了一番。买了几瓶酒，以及瓜子、毛豆、鸭脖、薯片。我们几个人席地而坐，吃着，喝着。不同的是，这一次喝酒不再是因为我很悲伤。

朋友讲着她的职场生活，被老板要求站队，她学着装傻。一个人下班后回到空荡荡的出租房，身体与灵魂都很疲惫，在那些孤独的日子，往胃里塞着一袋袋垃圾食品，焦虑着那悬而未决的未来，不知道她孤注一掷赌的那个职位，在几个月后能否给她相应的回报。

说完这些，她将杯中啤酒一饮而尽，而后说了一句话："我发现，其实所有的捷径，都是弯路。"

这句话说得太好了。每每想起这句话，我都跟自己说，一定要把这句话写进书里去。还好，这次我记住了。

我不知道，得走多少弯路，经受多少委屈，才能得出这一感悟。

但能肯定的是，在人间谋生的我们，都有好多好多烦恼，其中大部分烦恼旁人帮不了，只能自己去消解。

我一时也不知怎么去安慰她。我突然明白，为什么在我哭着说完那么多后，那个心理老师一副无动于衷的样子。因为，我们被困的不是情绪，真正为难我们的是生活，真正困住我们的也是生活。

生活是既真实又摸不到的存在。

我们谁都没办法去跟一个看不见摸不着的东西讲道理，唯有忍受。

6

忍住苦楚，始终不是解决问题的最好办法。近日来，我也在想积极解决问题的方法。

我主动去找我很信赖、很熟悉，也很欣赏的一个作者大姐姐倾诉。我将我现阶段遇到的扰心的事都跟她说了，很坦诚且毫无保留地说了。

我为一段关系困扰，尽管我知道当下应该等待，但在等待那个结果的日子里，也真的很着急。

我说："我怕我等待了，但后来并未得到预期的结果，岂不是白等？我不愿意做出等待的姿态，我迫切想要一个结果，最好现在就有。"

她回应我："如果感情困扰暂时解决不了，那就把你的精力放在写作上，把你的心态拨正到'顺其自然'那个位置，去让自己更耀眼一点。到那个时候，没准你都不在意这些了。"

她说："不着急赢的人，才能赢到最后。你不能急。"

我说："面对悬而未决的事情，我始终做不到淡然处之。总觉着这件事不得到一个结果，就没心情去进行下一个阶段了。"

她说，那你要学会做一个对自己也能心狠的人。不该想的事，不去想；做对的事，做该做的事，拿回掌控自己情绪的主动权。等得起，也要能够豁得出去。

最后，她跟我说："生活是不可控的，但我们也有我们的力量。如果你沮丧、失意，你不知道该去做什么，那就去做那件能让你变得更优秀的事，或是控制情绪，或是振作起来去好好生活，或是单纯地让自己变得再光芒万丈些。"

当你足够优秀，当你拥有得足够多，当你本身的附加值足够大，你看看对方心动不？

剩下要做的，就是等待了。

正如她最后跟我说的那段话：

"顺其自然，跟着时间的指引走，时间会告诉你怎么选择。我们的心智都是在各种事情的发生中变得越来越成熟的。也许三月你不知道该怎么做，五月就知道了。"

在此之前，做一个等得起的人。

07#

—

所有感同身受的背后，都藏着对方的用心

我很庆幸，

在我人生最好的那几年，遇到的那个人是你。

我没有拥有爱情，

但因为你，我拥有了此刻最好的自己。

有时相遇一场，

可以不是为了爱情。

—

1

我基本上从来不看校园青春片。

每次看到荧幕里满脸胶原蛋白的青春洋溢的女生男生，因为所谓的自卑，因为误会，因为年轻气盛而错过，我的内心总忍不住想翻一个大白眼：这世上哪有那么多错过，说白了就是不够爱。如果真的足够喜欢，即便短暂错过，后面想明白了再去死缠烂打，再去深情爱一场，也能赢得一个圆满结局。

我一直觉得像我这种能真诚热烈地爱人，也敢明晃晃地讨厌人，更多时候还能自洽的人，这辈子都没办法真切体验到爱情里的那种遗憾感。

直到在我生日当天，收到他寄来的生日礼物，看完礼物中夹着的他给我写的明信片，我才第一次明白“遗憾”的真正意思。

他写道:“祝你生日快乐。”

他写道:“最近有个女孩一直很主动找我聊天，我们在一起聊了很多过去、现在和未来。过年我回家那天，她说来车站接我，我拒绝了。大年初一那天，她约我去看电影，我也拒绝了。我一直觉得我还没做好准备让一个人重新走进我的世界。但前不久，她又说过段时间来我所在的城市找我玩，这次我答应了。这或许是一次契机。”

没有电影里描述的那么夸张，看完明信片的我没有泪流满面，没有打电话去跟朋友崩溃大哭，甚至我的心情也没突然变得低沉。我淡淡地把明信片收起放好，没有跟任何人讲过这件事，打开电脑如往常般继续工作，那日中午饭吃得很好，晚上也睡得很好。

只是，在两天后的某一天，闹钟响了，我却没听到而导致睡过了头，睁开眼已是八点，成功错过了每日运动时间。这原本是一件小事，大可晚上把当日运动补上，但那天早上我突然很委屈地崩溃大哭起来。

明明我们不用错过的，只要当初的我们再勇敢一点。

为什么我们都不肯主动？

2

那日，从便利店提回几瓶啤酒，顺带着买了些小菜，拉着朋友跟我喝酒。朋友不懂我的难过，毕竟我现在的生活也很好啊。

我苦笑着说："是很好啊。"承认自己当下过得不幸福，真的是一件需要勇气的事。对于习惯对身边人保持积极、幸福、洒脱模样的我来说，更是很难。

在当下每一个我感觉不那么幸福的瞬间，我都想过："如果当初勇敢一点，跟他在一起，会不会现在就不会这么不幸福了？"

我知道这个想法很自私，但我真的想过。

朋友问我："到底在难过什么？"

我难过的是，我们互相陪伴了八年，我们那么合拍，那么懂彼此，也陪对方见证了很多重要瞬间。我曾笃定地认为，他是我心中最适合结婚的人。很难说出口的是，那几年，我真的认真地等待过他，期望我们会有一个好的结果。

我只是没想到，八年的陪伴，抵不过一个突然出现的很主动的女生的三次邀约。

是不是所有男生都喜欢更主动一点的女孩？

朋友开玩笑说："你后来开始的恋爱，不也是因为对方够主动吗？不论男生还是女生，大家都更喜欢明晃晃的爱，不分性别。"

3

后来，我鼓起勇气问过他关于那个女孩的一些情况。我说："我对她挺好奇的。"

他说："她是一个很普通的女孩，普通的学历，普通的工作，普通的性格。"

如我想象的一样，但这也是我最不能接受的一种情况。

我跟朋友说："我能接受他爱一个很优秀，优秀到让我自卑的女孩；但我就是不能接受，他爱上一个在我的评判标准里没我优秀的女孩。”

朋友说我太固执了，为什么非要把一个人值不值得被爱跟世俗眼中的优秀挂钩?

并不是优秀就值得被爱。

但是，我没跟任何人说的故事 B 面是，过去八年，我的很大一部分努力，都是因为他。

很多人不知道的是，三年前不顾所有人反对，我坚持要考研的原因就有他。那会儿总觉得，他那么优秀，“985”的本硕，而我的学历就是一个双非本科，怎么都说不过去。

那段时间我很自卑。尽管我们之前聊了很多，也聊过未来，但我就是不敢踏出那一步。我一度觉得，只有学历足够高，只有名校毕业，才配得上这么优秀的他。

我一直跟自己说，等我变得再优秀一点儿就好了。

我说:“我一直以为，他喜欢的肯定是很优秀的那种女生。”

朋友调侃说:“这就是你们之间的信息不对称了。可能他根本不介意是否优秀这件事，也许他喜欢的东西恰恰是你身上没有的，但是那个普通女孩身上有的。例如，在爱情里的主动。

“他是一个很优秀、骨子里也很骄傲的人，所以在他的爱情里需要有一个人主动往前走一步。

“但恰好你也是一个很骄傲的人。你把自己活得很优秀，让自己足够耀眼，就是为了等他向你靠近。两个都不肯主动的人，怎么可能走在一起。”

爱情这个东西，跟是否优秀没关系。更多时候，你越优秀，越骄傲，越容易错过爱情。

爱情，跟勇敢有关。爱情，是勇敢者的游戏。以及，爱情这个东西，有时真的讲究缘分。

4

朋友说：“给我讲讲他的故事吧。万一听完，我觉得他不值得你喜欢呢？”

我说：“不可能。听完他的故事，你只会觉得这世上怎么真的有这么好的男孩。”

朋友说：“那你就试着讲讲吧。”

我八岁那年就认识了他。那会儿对他的唯一印象就是，他是一个很聪明、很负责的男孩，老师们都很喜欢他，包括我爸。

我们在同一所小学读书，但因为他真的很擅长读书，初中、高中以及大学，我们都没同校过。按理说，照这样的情况发展下去，拥有完全不同人生轨迹的我们后来不该有交集的。

后来很长一段时间，我不知道他的联系方式，我也不知道当时的他在哪所学校读书。但二十岁的我真的好勇敢，我跑去人人网搜他的姓名，用匿名 ID 给他发私信，我说我是他的同学，问能加他的微信吗。那会儿的我还是自卑的，自卑到不敢说出我的姓名，毕竟这么多年过去了，万一他早忘了我呢。

他给我发了一串号码，是他的 QQ 号。即便当初的我以为我掩饰得很好，但他还是很快猜出了我是谁。

这是我们最开始的故事。

这也是这几年里，面对他，我第一次也是唯一一次很主动，很主动。

后来，我们就像很好的朋友一样每日聊天，彼此分享着那些不愿意和别人说的事。

我有段时间很喜欢周国平。他知道这一点，于是每年过生日，他都会在给我寄一些别的东西的同时，寄来一本周国平的书。他去一座陌生的城市参加研究生复试时，还特意去学校附近的书店给我买了一本周国平的精装版书。

我记得很清楚，他说这本书挺难买的，他跑了几个书店才买到。

他读研时，我还在读本科。那年九月，他拿到第一笔研究生补助金，给我寄了十斤厦门的大芒果。他说，这是他拿到的第一笔工资，要给我买点什么。五六年前的芒果比现在贵一些，对一个还需要家长提供生活费的学生来说，一百多元还是挺多的。况且他还是特地亲自把一个个芒果挑好、打包好快递给我的。

那会儿我已经靠写作挣了些钱，几百上千元的东西也能眼睛不眨地买下来，尽管如此，当时还是为这份一百多块钱的心意感动过。

研三那年，他去澳门大学见他的博士生导师，那次见面更类似博士生复试吧。行程依旧很匆忙，但他还是给我带了澳大的明信片。他知道我喜欢书，还特意去书店给我买了几本我喜欢的作者的繁体版本书，回来送给我。与此同时，他也给我拍了很多澳大的照片，一一发给我。他跟我说，他想把他看过的风景都分享给我。

站在远处的他，激励着我努力跟他一起去远方看一看。

后来，我选择了考研。在考研的那段日子，身边人都不支持，但他一直在身边陪着我。

我跟他说，我英语好烂，学不好。他跟我分享他的学习方法。我说，我压力很大。他跟我讲他的压力，试着用他的亲身经历鼓励我，告诉我：“我们都难，都一样，但谁都没放弃。”他还跟我分享他排解压力的方法。被一个男生认真耐心地安慰着，我当时真的很感动。

考研成绩出来之前的半个月，我焦虑得每晚睡不着，我跟他说了我的焦虑。他耐心地鼓励我，跟我说了一句我至今还记得的话："你可以担心结果，但你不能怀疑自己，你不能怀疑那些日日夜夜你认真背过的书，你不能怀疑你学进去的那些知识，它们不会辜负你的。"

如今，我依旧记得这句话。偶尔可以摇摆不定，但永远不要否定自己的努力，也不要否定那个努力的自己的价值。

前几年，在我人生状态最差的那段日子，生日我本打算随便过过。但生日当天，我还是收到了他用心给我准备的礼物。他给我写了很长一段话，那些话我早就不记得了，但这件事我一直记得。

我记得在我人生最糟糕、觉得自己不配被爱的那个灰暗时刻，有个男孩用他的行动告诉我："你值得""你配得上""你也很美好"。

5

也有赌气的时候。

考研那年冬天，我每天情绪都特别紧张。因为在一些事上我们意见不合，我很任性地对他发了脾气，赌气好长一段时间没回他的微信消息。本以为他会像我之前认识的很多男孩一样，因为一件事不合，和我的关系就会慢慢淡去，彼此会很配合地不再联系。

但他不一样。

虽然我们中途很长一段时间没联系，但在我考研的前一天晚上，他还是主动跟我发了好长一段话，宽慰我，鼓励我，让我好好加油。他跟我说："别怕，好好做题就够了。"

这件事，我一直都记着，事后也觉得自己当时太情绪化了，但傲娇的双鱼女才不会轻易主动低头。

过了大概半年，在一次聊天中，我主动提起这件事。我向他道歉，承认自己去年情绪过激了，而后直接跟他说起我考试前一晚收到他发来消息时的心情，我真的很感动。

我说："其实，那天晚上我想过两种情况。我想过可能你不会来跟我说一句加油，因为我真的太作了，我知道我对你说的那些话很过分；但我也想到过，你可能还是会来鼓励我，因为你真的太好了。但我没办法肯定你到底会来加油，还是不会来。

"最后的事实证明，你真的是'大人不记小人过'，你真的很好。"

他给我回复的是："因为认识你很久了，久到我很清楚你是怎样一个人，虽然有时你的确有些任性，但我知道你大多数时候决定做某件事、决定说某些话，都是有自己的理由的。所以，我也不会因为你做过某件事、说过某句话就觉得你不好。"

这么多年，即便换过几次手机，我每次都会把我们的聊天记录备份到新手机上。上面这两段话是我仔细翻阅聊天记录找到的原话。

我们都是极其坦诚的人，在彼此面前做到了完全真诚，真诚到当时说这些话的时候只觉得很正常。

如今再回看这段对话，觉得好浪漫啊。或许真诚的极致，就是浪漫吧。

6

关于他的事，我跟朋友说了最后一件。

我说，有那么一段时间，我跟当时的老师相处起来很不开心。我知道成人世界的游戏规则，要对高位者投其所好，必要时要讨好一下对方。

很多人听完这段故事也都跟我说，你已经长大了，成人世界就是这样啊。

但我不喜欢这样。我知道应该怎么做，但我就是没办法那么做。我一度很痛苦。

他跟我分享了很多解决方案，也跟我说过要忍耐，他还跟我分享了他自己的故事，他也曾遇到一个这么难搞的领导。

但在讲完所有成年人的体面方案后，他跟我说了这么一句话：

“如果你真的忍受不了，你真的觉得很难过，请一定要记住你的人生并不是只有一条路可以走。”然后，他跟我讲了很多大不了甩手走人的选项，且做出这些选择后也能把人生过得很好。

尽管我知道他说的那种最糟糕的选项我不会选的，但从一个很理性且很擅长权衡利弊的男生嘴里说出这样的话，我觉得还挺贴心的。

所有人都告诉我要忍耐，唯有他告诉我：“没关系，如果你真的觉得忍受不了，如果你真的觉得很不开心，没办法跟那个人好好相处下去，那么我支持你做回自己。你要相信你的人生并不是只有一条路可以走。”

这张对我的叛逆想法的赞同票给了我生活的勇气，让我不要怕，勇敢闯，也给了我停下来歇一歇的选项。我很感激他。

我觉得，他是懂我的。他懂我是因为我们的性格很相像。

我更相信，每一次我难过时，他是真的试着站在我的角度去想，想如何说才能真正安慰到我，如何做才能真正帮到我，怎样做才能真的让我好受一点。

所有感同身受的背后，都藏着对方的用心。

7

最后的最后，我跟朋友说，其实我们的故事也没什么特别的。

没有轰轰烈烈的时刻，也没多么刻骨铭心的时刻，我们拥有的只有很普通的日常生活，认真读书，好好升学，努力完成学业，然后找到一份工作。在这个过程中，互相陪伴，互相鼓励。

我们能给对方的无非是共克时艰。每一次都是如此，有事一起面对。

他会真诚地跟我说他的烦恼，询问我的建议。我也总是毫无保留地把自己的那些难过、不堪甚至自己都觉得很龌龊的想法统统告诉他。我不怕在他的面前出丑，我也不怕他听完我的真实想法后会觉得我不好。

在内心深处我总是觉得，他是那个会永远包容我，也总是让我倚靠的人。

我很相信他，相信到如果有一天我崩溃了，深陷生活的泥沼，只能打电话给一个人求助，那么这个人一定也只能是他。我也相信，他是那个能真正把我拉起来的人。这么多年都如是，再崩溃，再想自暴自弃，我也都会在自暴自弃前用最后一点理智向他发去求救信号。每次给他发完求救信号，我的内心总是很安宁，我知道我会得救的，他总有办法安慰我。

我一直不知道，我对他是信任，还是打心底里依赖。

现在，这些都不重要了。

8

朋友说："你很幸运。多少人在成长过程中被爱情伤得遍体鳞伤，而你能在二十岁那年遇到这么好的男孩，陪着你一起长大，拉着你一起往前走，一起变好。这是一件多么幸运的事。"

对呀，我很幸运。

他很优秀，这么多年，他一直在朝前走，在往前走的时候还不忘经常回头看看我，鼓励我也要继续往前走。我没他那么优秀，这些年我摇摆过，搞砸过，走过弯路，但不管我当时多么糟糕，每次看到他不管遇到什么总是笃定地往前走，我总是很受鼓舞，也总能很有勇气很坚定地一次次重新出发，朝着他走去，朝着远方迈进。

我不想把我如今拥有的一切都归为他的功劳，但若少了他，我肯定也不会走得这么远。

朋友没有像大多数人那般劝我说和他当个普通朋友也挺好的。她说："如果你真的很喜欢他，那就去告诉他。他现在跟你说他跟那个女生的事，在某种程度上也是在试探你。再说他们之间还八字没有一撇，你再勇敢一点，还是有机会的。"

我笑了笑，没有回应。

9

在那张明信片的最后，他还对我写了一段话。他写道："这么多年，我一直没做好在生活里迎接另一个人的准备。我怕我做不好这一切，我怕我无法承担起这份责任，怕辜负对方。"

我打开微信对话框，给他回复道："说来不怕你笑话，前几年，我一度相信，你是我心目中最适合结婚的那个人。你足够真诚，足够有责任感，足够值得信赖，也足够好。你要相信你值得被爱，也要相信你有好好爱一个人的能力。"

有那么一个恍惚间，觉得自己这番话好"绿茶"。后来想了想，正如他曾经让我相信我是值得被爱的那样，好歹彼此陪伴了这么久，足够有发言权的我也应该给他一个负责任的反馈：他很好，他很值得被爱，他也有足够的能力好好爱一个人。

我应该大方地把这番话告诉他。

我曾以为，我们错过是因为彼此不够勇敢。回看才发现，或许我们俩相遇一场，本来就不是为了爱情。

有的人相遇，是为了相爱。而有的人相遇，是为了互相治愈，是为了给足对方力量，是为了让对方相信"你很棒""你很值得被爱"。

我很庆幸，在我人生最好的那几年，遇到的那个人是你。我没有拥有爱情，但因为你，我拥有了此刻最好的自己。

祝你幸福。这一次，我真的是真心的。真的。

08#

—

日子没法退换，
但请及时止损

“自愈”最重要的不是“愈”，而是“自”。
这种“自”是我们自主地去想办法做点儿什么，
去让当下的自己舒服点儿。
是自发的，是自愿的，
没有任何人逼我们做这件事，我们自己也没逼自己。

只是因为我们不喜欢悲伤的自己，也不喜欢难过的自己，
我们喜欢活力满满、积极阳光的自己，
那便去帮自己把那个乐观美好的自己找回来。

—

1

年纪稍小一点时，我情绪一上头就喜欢找人吐槽。呼朋唤友找人陪，喋喋不休反复说很多话，即便最后问题依旧没解决，但内心就是会舒畅些。

再后来，我进入了另一个阶段：每每遇到心情不好时，就硬给自己灌鸡汤，逼自己变得坚强。我曾很偏颇地用“真正强大的人，是不会轻易为这些事难过的”这类话安抚自己，用一种激进的方式告诉自己：“即便再难过，心情再不好，你也要忍着，因为你要成为一个厉害的人，厉害的人都不会为情绪所动。”

我相信，很多人的成长过程中都会有这么一个阶段：想要成为一个优秀的人。

于是，拿着我们所想象的优秀之人的做事之道去逼自己变得勇敢、坚强、努力。

如今我成熟了些，也沉稳了些，清楚了很多人生大道理，也明白了很多时候难过只是自己一人之事，旁人没办法帮我们，也拯救不了我们。于是，慢慢学会向自己借力，难过也好，悲伤也罢，心痛也没关系，自己的情绪自己一口口吞进去，认真品尝，搞清楚这份情绪的食材究竟来自何处，究竟经过何种加工才会有如此滋味，这份尝起来苦涩的“难过”食材究竟是哪里出了问题，都弄明白了，而后生产出能消解当下情绪的解药。

我称之为自愈。

在我的心中，“自愈”最重要的不是“愈”，而是“自”。

这种“自”是我们自主地想办法做点什么，以让当下的自己舒服点儿。是自发的，是自愿的，没有任何人逼我们做这件事，我们自己也没逼自己。只是因为我们不喜欢悲伤的自己，也不喜欢难过的自己，我们喜欢活力满满、积极阳光的自己，那便去帮自己把那个乐观美好的自己找回来。

所以，若被问心情不好时我会做什么，我的回答是：“我会做很多很多事，但做那些事不是为了逃避生活，也不是单纯为了放松，更不是自暴自弃、自甘堕落，我所做所有事情的最终目的都是把那个积极乐观的自己找回来。”

每个人的难过都不相同，我没办法告诉大家解决难过的办法，甚至我自己也不知道如何真正解决难过，但我可以跟大家分享一些寻找快乐的渠道。

2

酣畅淋漓地运动一场。

曾有很长一段时间，我觉得生活虚无。每日忙忙碌碌，可做的很多事都没多大意义，且消耗人。但又无法反抗，不得不去做。

我不喜欢这样的生活，感觉自己没任何进步，但暂时又没办法跳脱出这种生活，一度很沮丧，心情很差，做任何事都提不起劲儿。

在那段一直失眠的日子里，某天脑中突然闪现出一番话："那我要不去运动吧？不管生活别的方面有没有起色，但只要我每天坚持运动一个半小时，日积月累，我就会拥有好看的身材和紧致的皮肤。努力去获得容貌和身体上的好看，这也是一种成就。要么变厉害，要么变美一点，总得要一样吧。"

这也是我的人生哲学。

于是，从那日起，我每天运动，心情好要运动，心情不好更要运动。

在那些心情不好的时刻，我一边把生活中的委屈用流汗的方式发泄出来，一边安抚自己说："没关系，我并未虚度生活，至少我在好好锻炼身体，至少我在让自己变得更好看，我也在为自己做一点事情。"

年少时，认知狭隘，总觉得人生那么宽阔，那些一门心思通过运动追逐健康与美丽的人多少有点不务正业。

如今，我也成为这样一种人。我慢慢明白，我们不是为了美而去追逐美，只是在那些难过、悲伤的情绪无处消解的时刻，需要有这么一个发泄口来告诉自己：生活不顺遂也没关系，我们努力把自己活得漂亮，这也是一种成功啊。

前几年，网上有一句很火的话——“你只是假装很努力。”但我觉得在人间谋生，偶尔需要自欺欺人一下，需要自己提醒自己“我还挺努力的”。就像沮丧时用力运动的我们，生活虽难过，但运动时产生的“即便当下艰难，但我依旧在坚持运动，在努力变美，在好好生活”的美好反馈，会让难过时的我们觉得自己还挺勇敢，挺有韧性的，让我们觉得自己还有力气，还有勇气，还有美好品质，还可以再去赢一次。

难过时，我们需要的从不是清醒，我们需要的是一份寄托，是一场发泄，是通过一些小事让自己明白“我其实还挺棒的”。

3

偶尔小酌一杯，给自己一个微醺看生活的视角。

二十岁时，看着朋友圈的熟女们过节过年给好友送着百利甜、晚安酒，以及各种红酒，一边不理解她们为何送酒（喝酒不是不好吗？而且生活中还有更多好东西可以送呀），另一边又觉得送酒这个行为好时尚啊。

如今，我二十七岁了。前不久朋友过生日，我送了朋友一瓶有点贵的白兰地，附带一张贺卡，上面写着：“并非让你酗酒，只是生活有时真的充满无奈和想哭的瞬间，这些我都懂。祝你依旧能大步往前走。偶尔真的累了，那也有酒，有好友，有陪你酣畅淋漓痛饮一番的人。”

近一年来，我时常觉得很压抑，内心很紧绷，有很多很委屈的时刻。在那些我没办法放松自己的时刻，在那些我真的好难过、好委屈但又无人可倾诉的时刻，走进便利店，买瓶啤酒，买点下酒零食，就着难过喝下去，一杯杯下肚，一边觉得这又苦又辣的玩意为什么还有人喝，一边又觉得在酒精的作用下，好像真的有点放松了。

在那个瞬间，我好像明白了为什么韩剧里，女主们忙碌一天回到家后的第一件事就是打开冰箱拿出一罐啤酒了。

成年人的世界里有很多握紧拳头无法松开的时刻，我们偶尔需要这样的微醺时刻，放下工作，短暂忘却烦恼，让自己不要活得那么清醒。毕竟，难得糊涂。

我很喜欢的一部电视剧《酒鬼都市女人们》里有一句台词：“不是酒甜，是当生活比酒精还苦的时候，酒就甜了。”就着苦涩，饮酒下肚，第一瞬间会觉得好苦呀，但随后想想，还挺庆幸，至少我们还能喝进去，那么生活的苦，我们也一定能面对。于是，第二日起床，又是斗志满满的一天。

我们都在这般带着点儿大无畏的英雄主义生活。

4

像对待深爱的另一半那样，认真哄自己开心。

关于“如何爱自己”“如何让自己开心”这件事，总结成一句话就是：做自己的“骑士”，认真爱自己，给自己希望得到的深爱。

这世上并没有完美的恋人，像韩剧里那种难过时陪你吃饭、喝酒，失意时不离不弃，时不时给点小惊喜，懂你的喜怒哀乐，总能恰当治愈你的另一半，真的很罕见，甚至没有。

但不可否认的是，我们在难过与沮丧时真的很想有个人能陪在身边，能哄我们开心。我们其实很想被人关心与爱，谁也别否认。

年少时会因为难过时没人陪伴而委屈，长大后明白人类的喜怒哀乐并不相通，再深的爱也不会让另一个人时刻如我们想象的那样来爱我们。

慢慢学会成为那个完美的懂自己的理想“另一半”。做自己的“骑士”，好好取悦自己。

认真想想：在你最难过时，你希望别人怎样哄你开心？是给你点一杯令你惊喜的新品奶茶，是请你吃一顿大餐，还是陪你看电影玩乐一场，抑或是简简单单听你诉说心事？想清楚了，而后用你希望被别人温暖对待的方式来对待自己。心情郁闷不得解时，给自己点一杯奶茶，请自己吃一顿好吃的，看一场最想看的电影，抑或是打开笔记本，认真把自己的委屈与难过写下来，与自己对话。

这些也是哄自己开心最有效的方法。

不必觉得这样做会显得很凄惨、很孤独，更不必觉得这种行为“精分”。越往后走，你越会明白，生活只是一场自愈自乐的游戏，漫漫人生，没人会把注意力时刻放在我们身上，除了我们自己。

不要总指望被别人关心，也不要寄希望于别人让我们开心，要学会自我取悦、哄自己开心。

5

沉浸式打一场游戏。

如果问男同胞们心情不好时会做什么，大多数答案都是“打游戏”。

很多人认为打游戏就是沉浸在虚拟世界里玩乐，是不务正业的行为。

坦白说，在我没有接触游戏之前，我也曾这么认为。后来慢慢接触了游戏，手游、端游都玩过一些，虽然玩得不好，但在玩游戏过程中感受到的某种“英雄主义”是可以滋补生活的。

游戏里的小人，有的只是小兵，肯定打不赢大将军，但依旧勇往直前，冲锋陷阵。

那些起初看着不起眼的小兵，却成了最后赢得胜利的关键力量。本以为他们那么弱，走不了多远，但他们一波波往前走，源源不断，最后还是走到了终点。

无论小兵，还是大兵，他们都在努力向前走。像极了平凡的我们，看似不起眼，也被打败过很多次，但只要不按下“投降”那个按钮，便总能一次次复活，只是需要些时间等待罢了。

一时失意没关系，一时得意也没什么好嘚瑟，在游戏的世界里，我们见过太多逆风翻盘、顺风崩盘的情况，不到最后一刻，谁都没办法确保谁能赢到最后。

即便最后的最后，输了也没关系，大不了再来。游戏的后台机制是“不会让一个人一直输，不然他弃号了怎么办”。生活亦如是，不会让人一直输的，你只要一直打下去，总能赢一次的。

这是游戏哲学，也是人生哲学。

如果真的心情不好，就把自己代入游戏的江湖，看看代表自己的那个小人是如何骁勇，如何坚强，从他的身上借点力。

6

看一部传记，或是看一部电影。

难过时，我特别喜欢看名人传记。看传记，不能只看传主的光鲜亮丽，得把他们的人生捋直了从头看到尾，看他们是如何从一个平凡的小人物走过来的。

厉害如他们，在最初时也一样迷茫过，大多也曾灰头土脸过、不被理解过，大多数人最初也只是做着一份普通工作。他们厉害的地方就是非常执着与坚定，坚持做自己认为正确的事，而后取得成功。当然，故事也不会在这里就结束了，人生哪有那么平坦。成功后又会遇到低谷、沮丧、人生失意，然后他们靠着不屈的心性再一次次站起来。

成功——失意——成功——失意……如此反复着。

每次看完伟人传记都会被治愈，会觉得我好像也不是最惨最倒霉的那一个，那些伟人遇到过比我遇到的更难处理的困境与更复杂的局势。

生活并非刻意只为难我一人，大家都如此，跌跌撞撞、磕磕绊绊走到现在。放大眼界，多看看外面的世界，就不会顾影自怜了。

有时觉得，我们也只是自己的传记里的一个人物。我们现在只看到自己这本传记的二十几页、三十几页，这时的我们感慨生活艰难，却不知道等我们的传记翻到一百页、两百页时，我们现在觉得很难的困难已经迎刃而解。

现在还没到结束的时刻，别忙着沮丧。

7

允许自己脆弱。

PUA（精神控制）这个概念最近很火。我们都在反对被他人PUA，这点没错，但我觉得，更多时候对我们PUA的不是别人，而是我们自己。

在以往很长一段时间，每当心情不好，我的脑中闪现的第一句话都是对自己的指责："怎么又想偷懒了？！""怎么又心情不好？！""怎么定力这么差，一点小事都能让你情绪波动？！""怎么这么不坚强，遇到一点麻烦都想崩溃大哭？！""怎么这么不努力，这么不勇敢，这么拧巴，这么脆弱，这么玻璃心，这么差劲，这么不上进？！"……

我们总是习惯性地去否定自己的负面情绪，总是觉得难过、悲伤、沮丧、心碎、绝望、失落这些情绪不好，我们就像自己的人生有限公司的老板一样，讨厌着会在我们的身体内生产负面情绪的细胞员工。否定着自己，怀疑着自己，讨厌着这部分自己，自我

PUA 着。

心情不好时，我们首先要做的就是，拒绝自我 PUA。

允许自己脆弱，允许自己的情绪波动，允许自己偶尔懈怠，允许自己的身体里控制悲伤的那个阀门偶尔失控。接受那个没我们想要的那般坚强的自己，不要否定她，去听听她的声音，告诉她：没关系，我明白在这些时刻，你感到受挫，你很委屈，你也很难过，我都懂。

这些情绪都是正常的，不要自责，也不要沮丧，也不需要假装坚强。你已辛苦了好久，去大哭，去崩溃，去短暂地躺平，去睡大觉，去做你想做的事，都可以。

不用着急，也不必焦虑，等你调整好了，我们再一起努力，一起打好人生这场硬仗。

我最近才真正明白“给自己快乐”这句话的意思。生活这个大盲盒里，藏着喜与悲，但我们不能完全被生活操控，被生活带节奏，我们要学会乐在其中、苦中作乐，学会给自己快乐，学会关照自己。

不要指责自己，而要成为自己的精神支柱，成为能治愈自己的那个人，成为能给自己依靠的那个人。

自己想要的玫瑰，自己种。

自己想要的快乐，自己给。

09#

你要先接受自己，世界才会爱你

所谓气质美，是你首先得接纳自己的长相，
你得喜欢你原本的样子，不要抓住鼻子是否不够挺、
脸是否不够小这些细节忧虑，更不要为此自卑。

相信自己是独特的，
而后挺直腰板，大方、自信地站在人前展现自己。
别自卑，也别扭捏，更别畏畏缩缩，
抬头挺胸、大大方方去做你想做的事。

1

我打小胃口好，不挑食，简单的浓汤泡饭我都能吃两碗。我的父母也觉得孩子能吃是福气，把所有他们觉得好吃的东西都往我的胃里塞。所以，我从小就胖而结实。

上中学时，班上那些瘦瘦的女孩都收到过男孩子的情书，我没收到过。更过分的是，那些十四五岁的男孩子们总笑我是个小胖墩。我毕竟是女孩子，自尊心强，也曾因此自卑过。但那时我爸妈怕我减肥，总时不时提醒我减肥伤身体，学习任务重，不能营养跟不上，此时不是减肥的好时机。

听久了，我就相信这段说辞了。

大学时期，我也曾短暂地试过各种减肥方法，买了不少品种的燕麦做减肥餐，均因不好吃而放弃，也吃过一阵子苹果晚餐，但只是一时兴起，新鲜劲儿过了，也就放下了，而后依旧大口往嘴里塞炸鸡、烤串、汉堡。

每次都是花三天时间减肥，而后用五天犒劳自己。也曾减下几斤，但还是跟瘦沾不上边。很长一段时间我都是这样微胖地生活着。

二十五岁生日当天凌晨，我给自己拍了一张照片，看着镜子里憔悴且胖胖的自己，我突然很讨厌。我突然意识到我已经二十五岁了，离我的少女时代越来越远，而我在最美好的少女时代竟然没有活得很漂亮，我都没有给自己留下一张很瘦、很好看的照片，真的好遗憾，也好难过。

二十五岁生日当天，我对自己许诺：我一定要让自己在人生还年轻的时候，很瘦地活一次。如今回头看，这个愿望真的很稚嫩、很不成熟，但在那个瞬间，我是真的很想很想变成一个瘦瘦的、好看的女生。

为了实现这个愿望，我做了一系列很“疯”的减肥尝试。我在网上搜集各种减肥方法，看到那些写着“七天瘦五斤”“半个月瘦十斤”的帖子，一边振奋地读着，一边跃跃欲试。在那时，我压根没想过这些帖子里的方法到底有没有科学性，我只想瘦下来。

我用了极端的方法，不吃一粒米饭，不吃一滴油，一天只吃玉米，一天只吃鸡蛋，一天只吃苹果，一天只吃青菜，一天只吃鸡胸肉，一周五天瘦了六七斤。而后休息几天，吃点正常的食物，再来五天这样的饮食；再休息几天，再来一轮……

如此差不多进行了四轮，用了接近两个月的时间，我瘦了二十斤。不知是因为我从小营养过剩，还是因为在减肥那段时间，就算吃得单一，每次也都能吃饱，总之，在我的身体各方面机能依旧正常运转的情况下，我瘦了二十斤。

我知道这种方法不太健康，实施也挺难的。在我减肥那段日子，我的父母不止一次问过我：“你不会饿得难受吗？”“你怎么控制得了不吃啊？”我想说的是，不要小瞧一个女人变瘦变好看的决心。

在我瘦了之后，身边有人说：“你这是靠饿瘦下来的，你的体重以后还是会反弹，你会更胖。”但两年多过去了，我也没胖回来。

并非快速减肥法减掉的是真的脂肪，所以我没复胖。不是这样的。我心里清楚这种快速减肥方法并不能持久，于是，在瘦掉那二十斤后，我依旧每日控制饮食：正常吃饭，但尽可能吃得健康，用红薯、玉米代替米饭，用牛肉代替猪肉，多吃青菜，少喝我原来最爱的浓汤，每日坚持喝够两千毫升水。

我开始运动，每日要么跳舞，要么跑步，要么跟着健身视频运动一小时，要么坚持走五公里。

旁人只看到了前半部分故事，看到我在很短时间内的瘦身效果，他们以为减肥是速成的事，咬咬牙、吃少点就能实现。

故事的后半部分，我并未告诉过任何人。

我并未跟他们说，最初吃着少油少盐的食物，真的是食不知味，难以下咽；我也没说过，我也曾有过倦怠的日子，每日坚持运动真的好辛苦；更未告诉过他们，走在大街上，闻着烤肉串、糕点的香气而不买来吃，真的是一件很需要毅力的事。

这些我都没说过。

起初是不敢说。我怕跟他们说我减肥辛苦，他们会心疼我，会劝我说:“生活都这么苦了，何必为难自己？”“你都自律这么多天了，今天出去吃一顿火锅不为过吧？”“一天不运动也没啥事，觉得累就休息一天吧。”……

我知道我不是一个自制力特别强的人，我知道我经不住美食的“劝”，所以干脆把这部分辛苦好好藏住，不漏出破绽，假装我很喜欢吃得健康这件事，也就不能被击破了。

我们原本是能很坚强、很挺得住的，但常常会被他人的一句心疼搞得突然难过起来。当我们在很辛苦地坚持做某件事时，我们不怕辛苦，而是怕别人觉得我们很辛苦。

而后是不愿说。当我每日吃着清淡的健康食品，保持运动，多喝水，生活得很健康，我突然喜欢上了这种状态下的自己。

这样的饮食方式让我的胃变得挑剔，偶尔跟朋友出去吃一顿火锅或烧烤，第二天一定会不舒服，拉肚子。

久而久之，我对那些所谓的“美食”没有了太强烈的欲望。偶尔想要吃烧烤，就买回肉质好的牛肉，切块，抹上胡椒、橄榄油、孜然粉，加一点天然辣椒粉，腌制好，而后放进烤箱烘烤，既能满足味蕾，也健康。喜欢吃炸鸡，时不时也会自己做，买的是鸡胸肉，切块，给它“马杀鸡”一番，而后裹上面粉，放进空气炸锅炸。

依旧会犒劳自己，但犒劳的方式由大口吃高热量食物转为了大口吃健康且自己喜欢的食物。吃得健康，自然身材健美。

我不否认，瘦身这件事真的挺辛苦的，熬到那个享受瘦的阶段，挺艰难的。

但我始终觉得，人生很多时候，不能只做自己喜欢的事，也不能只吃自己喜欢的高热量食物，更多时候，还是得多吃点能滋养我们的食物，还是得做点可能辛苦、可能我们不喜欢，但能真正滋养我们的事。

瘦身这件事也如是，若你真的很想瘦，得有豁出去让自己变好看的决心，有坚持运动、坚持吃得健康的毅力，有相信自己如果少吃多运动、保持下去总能瘦下来的信念。

如今，我维持了很健康的身材。虽然我的体重很久没降了，我离那种很瘦的美女依旧有距离，但我已不再追求变瘦这件事了。

我不再说自己还不够瘦、还要瘦一点这种话，更不会盯着自己的大腿或腰间那点肉不放，发誓一定要将之消灭。

我开始接纳自己，开始接纳身上的那一小部分赘肉。我不再单纯地追求很瘦很瘦的样子，我喜欢那种很有力量的紧致的身型，如大多数运动博主那样。

我慢慢喜欢上了当下的自己，不一定很瘦，不一定拥有翘翘的臀部，不必须有小蛮腰，也不是非得有巴掌大小的精致脸蛋儿。当我对着镜子、对着镜头、对着生活发自内心地积极自信地笑着时，我觉得这样的自己挺好看的。尽管笑的时候脸显得很大，但真的很好看。

我理解那些如曾经的我般追求完美体重数字的女性们，但我希望有一天大家都能明白：要变瘦，但瘦不是最终目的。健康生活，认真吃饭，接纳自己，积极美好的你才是最美的。

2

上周跟我的大学老师一起吃饭，我们有三四年没见过面了，按照自然生长的规律，状态、容貌等肯定比三四年前稍差些。令人惊喜的是，再见面只觉年近四十的老师状态越发好，也越发优雅。

她穿着米白色大衣，里面配着浅色毛衣与很显优雅气质的白裤子。她向我走来那刻，有种韩剧里的气质女神走出来的感觉。毫不夸张，当时只觉她真美、真优雅。

按照人们现今的审美观，老师跟我都不属于脸型很好看的那一类，我们的下颚稍宽，稍不注意搭配就要出问题。

年少时，我一度因自己脸型不够好而自卑，想着自己怎么就长了那么一张大脸呢。

几年后，再次见到老师，看到她不仅未显年老，状态还愈加好，愈加优雅，突然悟到：脸蛋儿好看很重要，但没有完美脸蛋也并不证明就不好看。

人生是一场持久战，再美的脸蛋儿在岁月的摧残下也会失去光芒。

十八九岁时的确容易做到美丽动人，待到三十岁，容貌失去了些许光泽，届时看一个人是否漂亮，除了看脸，还要看气质，看姿态，看社会价值。

年少时，总爱盯着一张脸看——眼睛够不够大，眼距是不是太宽，鼻子是不是不够挺，脸形是不是太大……总爱盯着脸上的那点不完美放大了看。

如今，我日渐成熟，见过越来越多在少女时代长得不算好看，但随着时间积淀拥有了优雅气质的女性，终于明白了“气质美”“优雅美”为何物。

所谓气质美是，你首先得接纳自己的长相，你得喜欢你原本的样子，不要抓住鼻子是否不够挺、脸是否不够小这些细节忧虑，更不要为此自卑。

相信自己是独特的，而后挺直腰板，大方、自信地站在人前展现自己。别自卑，也别扭捏，更别畏畏缩缩，抬头挺胸、大大方方去做你想做的事。

按照大众的审美观看，网上做自媒体的很多女孩长得不精致、不好看。她们有的脸很长，有的脸很大，有的眼睛很小，有的身上有赘肉，但她们穿小吊带，穿好看裙子，穿休闲运动装，穿漂亮高跟鞋，大大方方自信地笑。

每次看到她们那般大方，都有种自己的人生好像也有救了的感觉，原来世俗意义上的不漂亮女孩也可以很美、很优雅、很迷人。

她们跟我们一样不是大众认为的那种美女，但足够大方、足够自信、足够绽放、足够优雅、足够有气质。我们在她们的身上看到了自己本来的样子，也看到了自己未来可以成为的样子，所以我们足够喜欢她们。

那些我们所欣赏的人身上，有着我们向往但又没有的品质。

当你自信，你就拥有了自信美；当你大方，你就拥有了大方美；当你发自内心地觉得自己美，你会真的越来越美，慢慢地，别人也会觉得你很美。

自信，是第一步。

之前有一次参加男友家的家庭聚会，第一次见到他的大姨，只看了一眼，就觉得她好优雅。她六十多岁了，但身材依旧保持得很好，穿着紧身旗袍和高跟鞋，举手投足温柔又透露着涵养。

吃完饭，他们聚在一起聊天，我和男友去周边逛了一圈。再回来时，推开门的一瞬间无意间瞥到了大姨坐的凳子，发现她始终保持上半身挺拔，屁股只坐了凳子的三分之一。

我读高中那时，微博刚兴起。少女们爱美得很，关注了一堆“气质女人训练营”“气质女人爱穿搭”“教你做一个气质女人”之类的微博账号，收藏了一堆“气质女人坐姿指南”，其中有一条就是“气质女人坐凳子都只坐三分之一”。有那么一阵子，班上的女孩们把这句话当圣经，每次坐凳子都端端正正，只坐三分之一。但保持这个坐姿是很累的，要提气，要挺腰，要始终发力，当然没有随意坐凳子舒服。

于是，这阵气质女人风在我的少女时代刮了一阵就散了。

十多年后，看到精力充沛的年轻女孩们都没办法坚持的事，由六十多岁的男友大姨保持下来，只觉钦佩。

这世上没有天生气质优雅的女性，优雅气质都是后天一点点练成的。你眼中优雅女性的背后，是她日复一日地在坚持做一些美好的事情。

想要优雅、有气质，那就绷紧身板，自信、大方地去练习那些能让你变得优雅的方法。也许最初做这些会觉得别扭，但你要相信，每日积累就能自然而然地成就美与优雅。

我在微博上写过一句话：拉长战线，保持自律，五年后、十年后，变化就产生了。

变美、变得有气质亦是如此。拉长战线，多去做一些美好、优雅的事，五年后、十年后，你也能成为你向往的那个优雅女性。

3

祝你永远长一张没被生活欺负过的脸，还敢爱，还有力气失望，还有想幸福的念头。

时间在发酵，我们的脸上留下了岁月的痕迹，疲惫、沧桑、恐惧、焦虑、害怕被伤害……我们戴久了恐惧与沧桑的面具，久之，那份疲惫与沧桑刻在了我们的脸上，如何也去不掉。

老人们总爱说：看一个女人的面相，就知道她有没有福气。世人爱说面相，我想，他们口中的面相只是我们内在的情绪日积月累后在脸上的反映。就像那些总担心失去的女性，与之短暂交往一番，我们就知道她是一个软弱与敏感并存的人。

有些女性长相虽美，但每每看到她们，总觉得她们的脸上带着一股戾气，不想靠近她们。还有一些女孩长得还不错，但一眼看去，只感觉“不够大气”，有股无关长相的“小家子气”。

与生活交手越久，我们脸上的生活痕迹越明显。

想要美得大气、端庄、持久，除用运动保持体态外，还需修心，拥有一个好心态。

我有一个很好的女性朋友小茜，大学毕业那年，她考研失利，她的男友考研成功，男友父母觉得她配不上自己的儿子，逼着他跟她分手，他照做了。

这段人生经历放在寻常女生身上，她们肯定又挫败，又自卑，又失意，说不定要花很长时间才能走出这段感情。小茜也伤心，但她不颓废，原本已在男友所在城市找好了工作的她，连夜收拾行李离开了那座城市。

她回到武汉，二战考研。一年后，她考研成功上岸。

她没有因为这段感情消沉，反倒带着“你家觉得我配不上你，但我离了你照样闪闪发光”的那股劲儿努力绽放，她在社交平台上分享自己美好生活的样子。第二年，也就是她研二那年，前男友特地来到武汉找她复合，她毫不犹豫地拒绝了。

她继续好好学习，认真生活。

硕士毕业后，她继续读博，而后遇到了她现在的先生。他在全国排名前五的高校任职，沉稳、踏实、成熟，对她很好。博士期间，她生了小孩，尽管如此，她依旧努力按时毕业。如今，她已是一名高校老师。

前不久，我和她一起吃饭。尽管已三十有加，她依旧穿得粉粉嫩嫩，打扮得像一个公主，很有活力，也很美丽，丝毫看不出是一个四岁小孩的妈妈。

曾有段时间，我的生活遇到了很多难题，我的状态很差，我试着去找她聊天倾诉。我问她："到底要付出怎样的努力，才能如你般永远积极乐观向上？"

她缓缓回我："其实我遇到困难也会难过，只不过我一直在给自己做积极心理建设。大年初一那天，我在朋友圈发了一张深夜学习的照片，配文'大年初一我是这样度过的，只求开年有个好收成'。你在底下评论我在大年初一依旧如此沉稳努力，但是，你不知道的故事的 B 面是，那晚我公公病了，先生去医院照顾公公，留我一人在家。本应和和美美的新年，亲人却生病，我的心里也难受，也想过'新年生病，多不好'，但我马上打消了这个念头，选择积极面对生活。哪会总是美好的瞬间，我只是比较擅长调整心态，将不顺变成和顺。况且，怨气积多了，也会变丑，不可，不可。"

这些年，她都如是，我从未见她抱怨过，常态是她低头努力，而后令人惊喜地闪亮出现，状态越来越好，人也越来越美。

我喜欢这种沉静而努力的女子，每次跟她说话、相处，只觉内心宁静。

我发自内心地觉得她很美，长得美，活得也美。而她的这一切美好，肯定离不开她积极美好的心态。一个能长久保持好看的女人，心态肯定是很好的。

如何修炼心态？

一句话：凡事多往积极美好的方面想。

有种观点认为人的大脑会对自己画像，即设定“自我人设”，慢慢地，我们会越来越长成那个模样。

这一观点有无科学依据尚有待探讨，但从日常生活的角度看，这一观点还是有几分道理的。

与前几年很火的一个观点的内在逻辑是一样的：每天早上起床后跟自己说一句“你真美”，你真的会慢慢变得越来越好看。

我们可以通过反复的积极心理暗示，让自己成为想成为的人，此谓积极心理暗示法。

想象自己要成为一个怎样的人，那个人是怎样说话、怎样工作、怎样生活、怎么吃饭、怎么走路，面对难关与困境又是怎样处理的，然后如我们想象的那样去生活、工作、学习，去努力。久而久之，我们慢慢就会成为自己想成为的那个人。这是我一直以来的人生方法论。

祝你也能如你所愿地生活。

人要美，也要活得美。

10#

—

生活有时会很苦，
祝你做一个收放自如的大人

你不用非常厉害，
你只需要在该厉害的时候厉害，
在该坚强的时候很坚强，
在该努力的时候非常努力，
在该认真的地方非常认真，
在该控得住场的时候控住场，
在该快乐的时候快乐，
就可以了。

—

1

五年前，让我谈“什么能力最重要”，我的回答可能是“一个人很能干，什么事都能解决好，什么工作都能做好，就是很强的能力”。但若再追问一句“这种能力具体是什么”，我肯定是没办法讲清楚的。

我那时认为，“能力”是一个抽象的概念，是类似天赋的东西，有的人就是口才好，有的人就是擅长跟人打交道，有的人就适合干这一行，是天生的聪明能干。

近五年，我亲眼见证了身边朋友的蜕变，看着他们在人海中浮浮沉沉，挣扎着，努力着，迷茫着，坚强着，看着他们从零开始学习一项技能，从无到有地塑造着自己，从一个还蛮普通的人，最终成为在某个领域能力不错的人。

因为亲眼看到过，所以更能明白“能力”是可以后天习得的。

我现在开始坚信：大多时候，一个人比你优秀，不是因为他比你更聪明，比你厉害，只是因为他的性格比你多了某个品质，例如更敢做，有更多的韧性，更爱折腾，更敢闯，更不服输。

以上这些都是很重要，但经常被忽视的美好能力。

接下来想结合我自己亲身所感，以及我身边朋友的真实经历，来谈谈那些对我们来说很重要，但又很容易被低估的能力。

2

我有个学姐，前两天在朋友圈晒自己的研究生录取通知书，我和她的所有共同微信好友基本都给她点赞了。学姐的经历也真的很励志，大学读的是专科，然后专升本，毕业五年后又考上排名前十大学的研究生。她真的挺厉害，也挺不容易的。

背后的心酸和努力肯定有很多，在有些人眼中很容易做到的事，她其实多走了弯路，多花了时间，多投入了精力，才做成的。

看到学姐那条朋友圈消息的那个晚上，我整个人特别开心，也特别激动。因为我亲眼见证了努力的力量，我亲眼看到只要一个人发自内心地想做一件事，哪怕那个目标此刻离自己还很遥远，慢慢积累，慢慢攒劲，也总有到达的那一天。

在很多人眼中，努力是一件很不起眼的东西，因为一两天时间看不出努力与不努力的差距。就如运动减脂，你一天两天跑五公里，压根没办法变成你理想的身材。所以很多人会说跑步减肥没用，努力没用。

有用吗？有用的。

但你得长期坚持努力。

人们每次看到别人的逆袭故事，总会安慰自己："这是个例，大多数人是做不到的。"但为什么别人能成为奇迹般的个例？说到底，其实每个人都是有机会成为个例的，只要你想成为逆袭的个例，只要你肯努力、肯坚持。

我知道，现在很多人讨厌听到这类鸡汤故事，但是很抱歉，这就是真实生活中正在发生的故事。

有的人就是靠着大多数人瞧不上的努力和坚持，凭借长久地努力做一件事的能力，把自己活成了人们讨厌但又羡慕的励志模样。

3

我之前跟一个男生朋友聊过"人际交往要真诚，要谦虚"这个话题。

当时这个朋友不认可我所说的"与人相处要坦率真诚"，他觉得不能太真诚，因为过早向别人摊出底牌，让别人一眼看出你是怎样的人，会让别人觉得你很好欺负、很没心眼，以后就会欺负你，会小瞧你。他也不认可做人要谦虚，他觉得人要有傲气，他本身也是一个很骄傲的人。

我也不认可他说的，我不认为对人真诚，让别人看到你谦虚礼貌的态度，就是给了别人欺负你、不尊重你的权利。

从来不是这样的。

努力是个人态度，真诚是个人品质。很多时候别人觉得这个人还不错，蛮坦率，能力也还行，有什么机会就会先考虑他，或者替他说几句话，或者向别人推荐他。无论是工作，还是生活，别人的善意帮助会让人生路走得容易很多。

我所理解的真诚是，态度友好，坦诚说出自己的想法，抱着诚意与人交往，不介意被别人看到自己的某些短板。

人与人之间想要相处得好，得适当展示自己的“脆弱”。从心理学角度来讲，这会拉近两个人的距离。

最重要的是，真诚不代表没有锋芒。遇到懂你的人，那就彼此真诚相待；遇到得寸进尺的人，保持善良，但记得要展现出你的棱角。如此足矣。

待人真诚是一个很不起眼的品质，但也是一种特别珍贵的能力。希望你们能懂这句话。

4

我始终觉得，在低谷期东山再起、逆袭人生的人，都是了不起的人。放在演艺圈来讲，就是熬得住漫长孤寂、坐得了冷板凳、几年后能再翻红的人，都是厉害的人。

这是我近期的感受，也是我看了对演员金莎的一篇采访报道后的感受。懂得自救的人，真的很了不起。

每个人一生中多多少少都会在一些事上跌几个跟头。人生这么长，每个人都会遇到一次或几次低谷，谁都躲不掉。

面对低谷，抗压力强不够，心态好也不够，你要想办法自救，想办法在黑暗的隧道里找到一束光。这是一个很重要但也往往容易被忽视的能力，即“自救”的能力。

何为自救？是哪怕你连续遇到了人生的几个红灯，依旧不自暴自弃。要么想办法找条别的路到达目的地，要么说服自己平静地等待绿灯亮起，在漫长等待的同时还不忘自我提升，学几个技能，或者多看几本专业书，实现自我增值，等到下次东风来的时候飞得更好更稳。

不要小瞧在最乱最坏的时候还能不急不躁地掏出单词书背单词，或者气定神闲地回邮件、写工作报告、想办法挣钱的人。手忙脚乱时依旧努力维持生活秩序，不焦虑，好好生活，就是人生的一种自救策略。

5

现在很多人活得不快乐，活得很焦虑，很多时候不是得到的太少，而是他们没办法用更坦率的心态接受生活、拥抱自己的人生，他们没办法自洽地活着。

什么是自洽？用最通俗的话来讲就是，总有乐在其中的本领。

世人常对充满不确定性的未来焦虑，但哪怕面临相同的烦恼，也总有过得比你开心的人。

我最近特别赞赏那些能在波涛汹涌中找到平静的人，我身边也有很多这样的人：

明明在大城市里生活压力大，也很孤独，但他就是能在工作日认认真真上班，在休息日呼朋唤友开心玩，或者自己在家煮点好吃的，生活得很满足。

还有一些朋友，看起来人生特别顺利，没有一丝烦恼，以为生活对他们比较偏心，让他们事事顺意，走近了，才发现该经历的坎坷他们一个也没少经历。

他们厉害的地方就是，心态特好，特自洽，不管遇到什么困难，都能找到出口开导自己，让自己放下，让自己开心地接受。

年纪小、没怎么经历人生风雨时，会觉得开心地笑是一件很简单的事，随便一个综艺节目都能让我们哈哈大笑一场；等到长大后，遇到的坎坷多了、曲折多了、糟糕事多了，才明白，那些不管发生什么都能开开心心地笑，有着一张没被生活欺负过的脸、活得自洽的人，真的特别厉害。

我们总说有的人笑得很治愈，但其实不是微笑能治愈人心，而是长大后忘了怎么笑的我们，真的会发自内心地羡慕一个笑得很开心的人。

我一直很喜欢《岁月如歌》里的那句歌词："天气不似预期，但要走，总要飞。"

生活很多时候就像这句歌词里写的那样不如预期，失意、沮丧的时刻更是常有，但就算没有百分之百如意的条件，我们依旧能想办法把我们可控的那部分人生过好，在自己可控的范围内努力让自己的人生变得优质，这就是一种成功。

这也是我们终其一生都需要学习的能力。

你不用非常厉害，你只需要在该厉害的时候厉害，在该坚强的时候很坚强，在该努力的时候非常努力，在该认真的地方非常认真，在该控得住场的时候控住场，在该快乐的时候快乐，就可以了。

生活有时会很苦，所以祝你做一个收放自如的大人。

总有乐在其中的本领。

11#

—

你有多可爱，
爱情就有多可爱

人与人之间的关系，

很容易趋于平淡、普通，

偶尔也需要一些小趣味，

需要让对方看到“我对你，跟我对别人是不一样的”，

需要直接地告诉对方你的真心，

需要一些特别的做法来为亲密关系加分。

—

1

前几天跟男孩聊天，我说：“你有没有觉得你很‘腹黑’啊？我觉得跟你谈恋爱后，我都可以写一篇文章《有一个腹黑男朋友是种怎样的体验》了。”

他倒也不客气，直接接了句：“那你快去写，写了‘艾特’我，我去给你点赞。”

我随意答应一句：“好，等我以后写。”

本以为这事就此作罢，毕竟我脑门一热的时候很多，也曾很多次决定过要写文章，但最后真正写的少之又少。

昨天晚上，男孩问我在干什么。

我说：“我在写稿子。”

男孩问：“你是在写那篇《有一个腹黑男朋友是种怎样的体验》吗？”

我说：“不是。你怎么还记得那篇稿子？”

他说：“你不是说过要写的吗？再说了，我之前天天在网上吃别人的狗粮，还不许让别人吃吃我的狗粮。”

我问：“你这是给我定恋爱 KPI 了，看样子我不能不写啰？”

他答：“这不是你自己答应要写的吗？是你自己想写，我就顺便鞭策你一下。”

我又问：“那你到底想不想让我写？”

他说："那我还不是得看你啊，如果你想写，那你就写啊。"

我笑着说："刚刚发生了什么？为什么从'你很想我写这么一篇文章'，慢慢变成了'我很想写这篇文章'了？"

他也笑着说："你自己说的你想写这篇文章呀，你都忘了呀？"

于是就有了写这篇文章的契机。

所以，有一个腹黑的男朋友是种怎样的体验？

答：有一个腹黑男朋友最明显的感受是，腹黑男朋友嘴上虽不会直接说，但他会间接地、很自豪地、有意无意地督促你来写这个回答，他还很期待看到你对他的真心评价。

那就开始吧。

2

刚认识不久的一个晚上，男孩给我打电话，语气沮丧，跟我讲工作上的压力，我努力安慰他。虽然最开始是在聊工作中的沮丧，但只聊了几句，后面我们的话题就转向探讨彼此过往的生活经历了。那晚我们聊了好几个小时。

第二天晚上忙完手头的事，得空了，我主动给他打了个电话。忘了我当时跟他说的第一句话是什么，反正那次也聊了好久。聊天的最后，他问我："你为什么今天突然想起给我打电话了？"我说："可能今天突然想和你说说话吧。"听完我这句话，他丝毫没掩饰自己的开心，回我道：“我以为你会说别的原因，没想到你直接说了这个原因。我挺开心你主动来找我。”

当时只觉得这个男孩挺好的，会大大方方地承认很开心我主动找他。但等挂了电话，过了片刻我才明白我被“套路”了。他前一天就算是因工作难过才找我说话，本质上也是他想跟我说话呀，我却傻憨憨地觉得他只是因为工作压力大才来找我，而没像他那样通过现象看本质，失算失算。

第三天他跟我打电话时，我学聪明了，大大方方地问：“你为什么今天又想起给我打电话啊？”这个问题的答案我想了很多，我想过他可能会回答因为工作好难，也想过他可能会学我前一天的回答，说因为想和我说话……

但男孩偏不走寻常路，干脆、大方、很认真地回了我一句：“因为我们前两天晚上都说话了，既然已经有这个规律了，那我们就把它养成习惯吧。”

听完男孩这句话的刹那，我的心被触动了，心跳好像突然慢了一拍，有种被深深套住、一切都在对方的计划之中的感觉。

我紧跟着说了句：“那你最好记住你今天说的话哦。”

男孩说：“我记得可清楚了。反正只要你能坚持，我肯定能坚持。”

跟腹黑男孩恋爱，最明显的感觉是，你不需要再像二十岁时谈恋爱那样，不断试探，不断退缩，谁也不愿意多主动一点，迟迟无法推进一段关系。跟他们恋爱，他们虽然偶尔也会用一些可爱的方法试探一下，但在确定得到了自己想要的答案后，他们会拿回恋爱进度控制权。他们不会让你去猜任何东西，他们会用自己的方法让你知道他喜欢你，同时也让你知道其实在你的心里你也正喜欢着他。

这是他有点霸道的地方，但也是他浪漫的地方。

在正式确定恋爱关系前，我俩的关系已经很暧昧了，彼此心里也知道这样相处下去是会自然而然地成为男女朋友的。但我不想就这么简单，所以我对他说："我想要有仪式感的东西。"

他说："好。那我得好好想想怎么给你仪式感了。"

有一天，他神秘兮兮地跑来说要对我讲一个好玩的事。他说，他去问他同事"你媳妇找你要仪式感时，你是怎么做的"，他的同事说，有一次他的媳妇找他要仪式感，他不知道怎么弄，就买了好多零食藏在家里，结果全被他媳妇找出来了。他说着说着哈哈大笑起来。

他讲到这里，我直接打断他说："我才不需要你买什么零食。女生想要的仪式感就是很直接的一句话、很明晰的一个时间节点。以后想起这个瞬间，我知道是在哪一天，在哪个时刻，发生了怎样一件事。”

待我说完这段话，我才知道自己被套路了。

我问他：“你刚才是不是在套路我？”

他说：“我什么都没说，是你中途打断我，自己在那儿讲你们女生的仪式感的。”徒给我留下深深的被套路感。

我一直感觉我是挺聪明的一个人，但每次和他说话，总能被他绕进去。后来我还很认真地去百度搜了一下“女生谈恋爱会不会变笨”。

后来想想，爱情最让我变得愚笨的地方是：我作为一个励志博主兼半个情感博主，竟然会拿这样一个问题去百度搜索。

爱情，不会让人变笨，但你对你喜欢的那个人的爱，会让你变笨。

3

这样的套路时刻还有很多，例如：

他有一次对我说：“你把我们的聊天背景截图发我看一下，我看看你给我的备注名是啥。”

我干脆、直接地把我俩的聊天截图发给他，还理直气壮地说：“看我给你备注的是你的大名，感动吧？”他装可怜地说他给我备注了超可爱的名字，我给他备注的竟然是全名，还对我讲：“爸爸妈妈每次喊我们全名是不是都有点可怕，总怀疑自己是不是又做错什么事了，你还给我备注全名。”我假装没听懂他的意思。

后来有一次，忘了他做了什么事，我开玩笑地对他说：“你怎么这么无赖？你就是个小无赖、小赖皮。”

他说：“我不喜欢小无赖这个名字。”

我说：“那我现在就把你的备注名改成小无赖。”

这次他倒很乐意地说：“好呀好呀，那你现在就去改成小无赖啊。”

看到他这么开心地答应，我就感觉其中肯定有诈。我问他：“不是不喜欢小无赖吗？为什么又愿意我改这个名字？”他说：“一生二，二生三，三生无穷。你最开始给我备注什么都没关系，只要改了一次备注名，就可以改第二次、第三次，直到改成令我满意的备注名为止。”瞧这毫不掩饰的小心思。

所以，现在他的微信备注名还是他的大名，哈哈哈哈……

他总说我扮猪吃老虎，慢慢地我学会了“借力打力”。有一次聊天，我说他扮猪吃小绵羊（我总说自己是任人宰割的小绵羊）。他说，猪不吃绵羊。我接了一句“那你是扮猪吃小可爱”，顺带着给他发了个“小猫吃冰淇淋”的表情包。

他马上回我一句：“扮猫吃可爱多。”

我觉得这句话很好玩，就跟他说：“这句话真可爱，我喜欢这句话，我决定了，这句话以后就是我的了。”他大大方方地接一句：“行行行，都是你的，我的都是你的。”

我感觉他又要开始套路我了，决定这次主动出击，掌握主动权，不能总被他占去先机。

我说：“对呀，你也是我的。”

他说：“你也是我的。”

本以为这样就结束了，好歹也算打个平手，结果不算太差。

谁知说完上面那句话后，他又在后面补了一句：“我的都是你的，反正你是我的。”

我当时没看出这句话有什么问题，过了好一会儿，才后知后觉地跟他说：“敢情搞了半天，你还是人生赢家啊，搞来搞去我的还成了你的了。”

他慢悠悠地接了一句：“我成为人生赢家不好吗？”嗯，好，挺好的。

4

虽然他偶尔会套路我说出自己的一些真心想法，虽然我在看出这些套路后，会假装生气地说“你怎么这么过分，又在套路我”，但无可否认的是，恰恰是我俩在相处中时不时地逗对方一下（虽然更多时候是他逗我，逗完了，我才后知后觉地知道他刚才又在拿我寻开心），才让这段关系多了那些可以被称作有意思的“小情趣”。

我给他贴上“腹黑”这个标签，也是这样，只是现阶段的一种小趣味。

人与人之间的关系很容易趋于平淡、普通，偶尔也需要一些小趣味，需要让对方看到“我对你，跟我对别人是不一样的”，需要直接地告诉对方你的真心，需要一些特别的做法来为亲密关系加分。

我们并非不能接受普通关系，也并非不愿意接受自己是普通人的事实，只是，如果那个人是你的话，我还是希望能努努力，能和你有一段跟别人不一样的感情。哪怕只有那么一点点不一样，我也愿意就为了那一点点不一样再多做点儿什么。

当然，在我心里我并不觉得他真的腹黑，我也不希望他真的腹黑。我也不会永远拿腹黑这个标签贴在他的身上。这只是现阶段我觉得很好玩的一个词而已，也许说了几遍之后，我再也不会用这个词形容他了。

就像之前我说过他“套路”我，但也只是当他的面说过几次，后来“套路”这个标签也被我撕了。

我不想给他一种负面的心理暗示，我也怕标签贴久了，他真的成了标签所描述的那个人。

我不想在他的身上做这个实验。

多用美好的词去形容你们的爱人。这句是真心话。

这是我最想和恋爱中的男孩女孩说的话：多给你们的关系一些美好的滋养。

回到最开始的那个问题——“有一个腹黑的男朋友是种怎样的体验？”

很抱歉，我没办法回答这个问题。因为我有点私心，我想以后用更美好的词语去形容他。

但如果你看到这里有了些许启发，那么你也算找到了你的答案。

最后，我想说的一点题外话是：我不知道跟腹黑男孩谈恋爱是怎样一种体验，但我知道，如果能遇到一个喜欢的人谈一场恋爱，这感觉倒也蛮不赖的。

祝你突然遇见喜欢的人。

祝你在这个春天也能谈一场还蛮不赖的恋爱。

12#

—

再坚持一下，
可能结果就不一样了

读书时代，特别爱说“走自己的路，让别人去说吧”；

如今，早已不在意旁人说了什么，

更把这句话改为“走自己的路，也别操心别人的人生”。

我不吝于让别人知道我在做什么，

但我也不再愿意花费力气去告诉别人做某件事是多么值得。

那些与我无关，

我只管塑造我自己，也只能塑造自己。

—

1

最近，我报了个舞蹈班，开始学习跳舞了。

舞蹈老师问："你之前有舞蹈基础吗？"

我答："没有。"

舞蹈老师笑了笑说："没关系。前面几节课估计比较难受，会有点挫败感，但只要你坚持跟下去，后面会越来越顺畅的。"

我说："好。我会把这件事好好做下去的。"

有女性朋友听说我开始学跳舞，问了我一些问题。

有女孩说，她也想学跳舞，但还没等我接话，她又说："算了，我肯定坚持不下来的，之前办健身房的卡，一年也只去了一次。"还有女孩说，她也好想认真学一下舞蹈，但她觉得自己很忙，没时间去。更甚者，有女孩说，舞室离住处有点远，每日走过去还要二十分钟，即便很心动，但还是败给了距离。

我在一旁认真地听着她们说，不评价，不多说什么，只偶尔笑一笑。

年少时遇到这样的场景，我热衷于规劝别人。一来，想拉个同伴一起去；二来，通过劝别人，来证明自己的选择没问题。那时我最爱说：

“你还没开始，怎么就觉得自己坚持不下去呢？舞蹈室的氛围很好，肯定能坚持下去的。”

“时间挤挤总会有的，周六日少躺几个小时，每周的两三次舞蹈课就有保障了。这样做很值得，毕竟运动会让人变得更好看、更美，而变美丽是需要付出代价的。”

“才二十多分钟，权当散步呀，还可以减肥。而且我们每次可以一起去呀，一路上说说话也没多远。”

……

年纪小一点时，我真的热衷于这种事。

但现在不行了，我深知自己精力有限，不想再消耗精力去劝别人，只想护住自己的这口心气。旁人觉得这件事或好或坏都与我无关。我也不是当初那个总想要有同伴同行的年轻女孩了，我清楚人与人的追求与造化都有所不同，我想要更好的自己，那只管去做、去付出，去用汗水换美丽。这些我都明白，我也能做到。

至于旁人，她们觉得累、无法坚持、没时间，或许只是因为她们并不是迫切地想做这件事，我也能接受。那也是她们对自己的人生的选择。

读书时代，特别爱说“走自己的路，让别人去说吧”；如今，早已不在意旁人说了什么，更把这句话改为“走自己的路，也别操心别人的人生”。

我不吝于让别人知道我在做什么，但我也不再愿意花费力气去告诉别人做某件事是多么值得。那些与我无关，我只管塑造我自己，也只能塑造自己。

说回学舞蹈这件事。

在少女时代，我很自卑。我没什么特长，也无闪光之处。我没有一张吸引别人注意的脸，也不像很多女生那样能歌善舞。我都没有。

后来很长一段日子，每当看到电视里有着美丽天鹅颈和美好形体的女孩子，我都很羡慕地想着“如果在我小一点的时候，我父母送我去学舞蹈，那该多好”。

这没有怪原生家庭的意思。我是普通小城里成长起来的女孩，父母已经将他们能给我的最好的一切都给我了。能把我培养成现在这个样子，我的父母已经很了不起了。

我是那种不喜欢留遗憾的女生，缺什么就给自己补什么，想什么就让自己去做什么。如今，我已长大，有足够的经济能力与时间去学舞蹈。我帮少女时代的自己做了她一直想做的事，帮她成为她想成为的人。

这是我的初心，成为一个再酷一点儿、再多才多艺一点儿的女孩子。

我从未停止努力，也从未忘记自己曾经想做的事。我没能等到那个能让我梦想成真的圣诞老人，但我还是帮自己把想做的事一件件都做了，把心中的愿望一一实现。

原来，我们才是自己的圣诞老人。

有段时间，我很喜欢“万事胜意”这个词，好似不需要我们做什么，张嘴说一句祝福话，万事便都会顺遂起来。如今，我依旧喜欢这个词，只是我不再对自己说“祝你万事胜意”，而是改成“我会努力让自己万事胜意的”。

不管别人能不能做到，我一定会做到的。我会努力帮自己把梦想一一实现，会努力帮自己活成想要的样子。

2

身边认识我很久的朋友对我说：“你是那种很敢闯、想做什么就一定要做成的女生。不管你做了什么样的人生决定，我都不会意外。”

我笑着说：“好像我还真是你口中说的那种人。”

二十岁那年，我想写作，于是打开电脑文档开始写，开启了我的写作人生。即便最初家人反对，我也独自坚持。

二十二岁那年，大学刚毕业的我找到一份不错的工作，挣得挺多，工作环境也不错。但我当时白天上班，晚上十点下班回到家还要写文章，经常凌晨三点睡，早上七点半又得起床工作，整个人活得很紧绷，状态特别差。我想辞职，身边人说你这份工作这么好，万一以后找不到更好的呢。还有人劝我放弃写作，放弃做自媒体，他们说如果只做本职工作就不会那么累了。但我觉得这不是我想要的生活，这份工作很轻松，但学不到什么东西，做自媒体、写作虽然辛苦，但是能真正地给我的人生增值。

于是，我又一次没听大家的意见，辞职了。

辞职后那一年多，自媒体行业发展势头好，我努力写，挣到了我工作好多年都不一定能挣到手的钱，有了一笔不错的积蓄。

在我二十四岁那年，我父母觉得"你挣再多钱，没有一个稳定的体制内工作，都是不体面、不成功的"。扛不住压力，我去考了家乡小城的事业单位。考上了，但有一个附带要求：最低服务期限为五年。在签工作的前一天我退却了，我死活不愿意去做这份工作。

父母说，这是多少人想要的机会，你到手了还不好好珍惜，如果你放弃这么好的机会，以后一定会后悔的。

后不后悔，二十四岁的我不知道，却很明白：即便在大多数人眼中这样的生活很好，这也不是我想要的人生。

于是，不顾家人反对，在别人开开心心签工作合同时，我签了岗位放弃书。父母觉得我不听话，和我冷战了很久。我的内心也很难受，不知道自己到底选对没有。说实话，我也怕过，也纠结过。

但我没有难过太长时间，在那个炎热的七月，在签完岗位放弃书后，我买了考研参考书。关于考研这件事，家人也是从头到尾不同意，他们不认为一个从小读书不算聪明的女孩真的能考上，觉得我只是浪费时间。

但也如之前很多次一样，我知道这是我想要的东西，不管旁人怎么说，我都要帮自己争取到。

我一直有名校情结，羡慕那些名校毕业的人，只是很长一段时间我很自卑，没办法把羡慕说出来。加之普通家庭长大的女孩很懂事，大四那年，我想给父母减轻压力，不想让父母觉得我还是他们的负担，就根本没考虑过继续读书。

如今，我挣了些钱，足够负担自己的生活，终于有足够的底气和能力重回校园。长大后的我要帮年少时的我把那些年没有做成的事一一实现。这是我对自己的承诺。

拿到研究生录取通知书后，朋友问我："你当时有没有想过如果你没考上怎么办？"

我回她："想过。"在我压力大得需要大哭一场才能缓解的那些日夜，我也曾想过如果我没考上怎么办。我还放弃了父母眼中的"好"机会，我的人生会不会就这么完了？那些时刻，我怕过，委屈过，也焦虑过。

朋友继续问：“那如果你当时真的没考上，怎么办？”

我说：“在我最焦虑的那段日子，我就跟自己说：‘没关系的，尽力去考，如果国内研究生没考上，那就去申请国外学校，反正我一定会帮你实现你的梦想的。’”

我没有支持我的开明父母，也没有能帮我托底的家庭，但我已长大。在那些无人托底的日日夜夜，我勇敢地站出来，做给自己托底的那个人。

朋友说我真执着。

我笑着说：“你知道吗，像我们这种只能靠自己改变人生的人，如果性格里不多点执着、不多点坚持、不多点主观能动性，是很难走到现在的。我得自己拯救自己的人生啊。”

学跳舞也是，旁人说何必花那么多钱做那些事呢，在家跟着视频跳不也行吗；还有在我为工作熬夜、焦虑的日子，家人说“你那么辛苦干什么，将就做下去，做完不就行了吗”；以及，在我每次折腾时，身边人说“现在的生活不也挺好的，为什么非要折腾，非要让自己活得这么累”。

不是将就不可以，也不是躺平后的安逸生活不能过，更不是我非要给自己找苦吃，只是我明白我想去的远方，无人能带我前往，除了自己。若我将就，若我随便搞搞，那么可能我这辈子都没办法到达。这是我努力的意义。

从二十岁到二十五岁，这五年我看到了自己的力量，我更加笃信“只有我们自己能决定自己的人生”这句话，我更加相信我们是可以按照自己的意愿生活的。但这五年里我吃的亏、受的委屈、经历过的难过又反复地提醒我：你只有足够努力，才能有那么一点点幸运；你只有足够认真，才能过上想要的生活；你只有足够想要、足够渴望、足够诚恳，才能靠近、得到。

3

十八岁时，我把 QQ 个人签名改为“成为更好的自己”。那会儿，少男少女们非常迷恋“更好的自己”这个概念，但当时并不知道到底怎样才能变成更好的自己，于是跟风去减肥，跟风买好看的衣服，跟风打卡网红餐厅。

那时错误地以为买几件漂亮衣服、紧跟当下的热门话题、熟悉哪个 APP 最热门、让自己成为一个更潮的人，就是更好、更不过时的自己。

当二十五岁那年，我凭着自己的努力，拿到了心仪学校的录取通知书；当我想要成为那种好看的女孩，于是每天六点多起床运动，控制饮食，少油少盐，健康生活；当我羡慕那些能熬夜学习，在学习之余也能去看展览、参加各种活动，把自己的生活过得丰富多彩的女孩，于是也学着去平衡学习、工作和生活，在该学习时好好学习，在该工作时认真工作，在玩耍时也尽可能玩得尽兴；当我想要成为那种多才多艺的女孩，于是给自己报了舞蹈班，去学舞蹈，去活得更舒展……我才慢慢懂得“成为更好的自己”的真正内涵。

所谓“成为更好的自己”，就是即便当下的生活偶有让我们不满意的地方，我们依旧愿意想办法让自己活成想要的样子。重要的是，我们始终相信我们有塑造自己的人生的能力。

有名校情怀，那就努力读书，去考名校；想要变漂亮，就去运动、减肥、塑形；想要多才多艺，便去学习你向往的那门才艺；想要一口流利的英语，那就从现在开始学习；想要更好的工作，那就积攒经验，努力提升技能，刷新简历；想多挣点钱，那就好好工作。

按照自己的意愿去生活，过上我们想要的人生，就是成了更好的自己。

这些话说出来很容易，但真正做到很难，能做到的人少之又少。但我觉得，人生很公平，你想要一般的人生，就付出一般的努力，想要更好的人生，就付出更好的努力。

我始终记得，在考研的那段日子，我一边大哭，一边继续背书。没办法，想要得到，就必须坚持。

我也记得，因为想做好一项工作，熬夜做到凌晨一点才睡，怕做不好，不敢睡个好觉，定了凌晨五点的闹钟，爬起来继续做。很困，很累，很想躺下继续睡，但还是撑着做好。

在这个年代，大家总爱说“热爱”。热爱很重要，但再热爱也会辛苦、会疲惫，人生更多时刻靠的是毅力，靠的是死撑。

我也时常被生活压得喘不过气来，压力大到崩溃大哭。我没办法用云淡风轻的语气对大家说“不要焦虑”，我也没办法给大家一颗不再为生活忧愁的速成药。在生活的汪洋大海里扑腾的我也会时常因为笨拙和不够熟练而呛水，在生活中也时常会有那种“要么努力游上去，成功上岸，要么松懈，永远沉下去”的溺水感。

我们都一样，都只是生活中的小人物，忙碌、奔波，带点倔强与不甘。如果非要找点取得小成就的原因，那就是我不愿放弃。

我总觉得，只要我再坚持一下，可能结果就不一样了。

人生中的很多事都如是，做对的事，花长的时间，去坚持，去践行，去实现。

13#

—

生活终究不是
靠幻想和浪漫就可以过下去的

无论女人还是男人，

都会更喜欢优秀且美好的人。

人性是很自私的，人类喜欢强强联合，不喜欢被拖累。

人类都喜欢美好的事物，

所以，当你积极美好时，

你有更大可能遇到积极美好且欣赏你的人；

而当你的生活一团糟，每日焦虑沮丧，

当你都没办法搞定自己的人生，

全然寄希望于别人来帮你搞定人生时，

你很难遇到爱情，也很难吸引异性。

—

1

和朋友吃饭期间，她突然说：“真想身边有个条件很好的男人。跟他在一起，我的人生烦恼迎刃而解。我也不需要多么努力工作，工作实在不如意了，大不了辞职回家。”

没等我接话，朋友自顾自地又说：“我现在真的觉得努力没什么用。努力工作再久，生活也不会有多大起色，但如果找一个条件很好的男人嫁了，很容易实现阶层跨越。”

紧接着，她跟我分享起她在网络上看到的博主们的日常人生。她说，她关注的一个博主每天的生活很美好，上班轻松，经常在微博上晒男朋友送的东西，时不时拍拍美照。

朋友用充满羡慕的口气说：“那个博主的衣服、包包、鞋子都是她男朋友买的。你说这世上为什么有人能活得这么轻松。”

起初，我还想跟她说点什么。到后来，我在一旁不吭一声，听着她抱怨自己的人生以及羡慕别人的爱情与生活。

我明白，她最近状态不太好。研究生毕业几年后生活没半点起色，每日扮演着麻木的社会人的角色，加之工作压力极大，相亲也一直不顺，她的内心很是失落、着急。这些我都懂。

但我不能接受一个女人把自己的人生幸福全部寄托在找一个男人这件事上。难道当下不顺遂的我们找了个男人，生活的烦恼就真的会完全消失吗？难道谈了场恋爱，我们的人生就会变得更好吗？

不，不会的。

2

二十岁出头时，面对一地鸡毛的生活，我也曾抱怨过，也曾很希望有个男人能出现拯救我的人生。

我希望遇到一个成熟且多金的男人，他能护我周全，在我被生活、工作按在地上摩擦时，他能如电视剧里的白马王子般帮我解决所有烦恼，让我没有过多工作和生活压力；他要有一定经济能力，要对我很大方，要给我买衣服、买首饰、买包包、买鞋子，要带我去所有网红店打卡，要带我去全世界各地玩；他还要对我态度很好，总能及时察觉到我的小情绪，然后哄我开心；他要很爱我，要给足我安全感……

如每一个二十岁出头的女孩般，我也曾对恋爱抱有这般不切实际的美好幻想。

但是，后来我慢慢发现，这世上并不存在这样理想的另一半。至少大多数在人海中挣扎的普通人遇不到这样的另一半。

在人间谋生，男性们面临的压力与困境并不比女性们少。一些女性在面临压力时幻想遇到多金又温柔的男人，那男人们呢，在被生活和工作压到喘不过气的时刻，他们的内心是否也曾想过“我要找一个家庭条件跟我差不多，能力跟我差不多，甚至更好一点的女孩结婚，如此我的生活压力就会小一点”？

我无意苛责这些男性或女性，只是觉得，人性都一样，我们都想追求更好的人生及更自如的自己，无可指责。况且，在这内卷严重的都市，人人都有自己的江湖难关要过，顾全自己已属不易，怎能寄希望于另一个人时刻抽出精力来拯救我们的人生？

这不现实。我始终觉得，当我们自己处于很糟糕的状态时，寄希望于另一个人出现来拯救自己的人生，是非常幼稚的想法。

这世上，无论女人还是男人，都会更喜欢优秀且美好的人。人性是很自私的，人类喜欢强强联合，不喜欢被拖累。人类都喜欢美好的事物。

当你积极美好时，你有更大可能遇到积极美好且欣赏你的人；而当你的生活一团糟，每日焦虑沮丧，当你都没办法搞定自己的人生，全然寄希望于别人来帮你搞定人生时，你很难遇到爱情，也很难吸引异性。

即便在荷尔蒙的作用下差异很大的两人一时在一起了，结果呢？

那些被一时避开的现实问题，不会因为你们在一起而消失，最终还是会显露出来。

生活终究不是靠幻想和浪漫就可以过下去的。

3

朋友带着羡慕的语气问："为什么有些人的生活看起来那么轻松、美好？"

我回她："这世上没有谁的生活只有轻松与美好，每个人的生活都有过一地鸡毛。"

朋友继续说："但是我看那个博主的男朋友对她真的很好，给她买包包、买鞋子、买衣服，她没有太多的经济压力，不需要多么努力工作。"

我说："任何一段感情都有让他人羡慕的地方，也有矛盾与分歧。不要把在社交平台上看到的美好生活当作真实，这只是别人故意展示给大众看的，故事的 B 面谁也不知。而且，手心朝上接受另一半的馈赠，一次、两次是甜蜜与幸福，时间长了，并不会是多好的体验。"

朋友回我："但是那个博主粉丝并不多呀，每条微博下也就五十多条评论，不像那些动辄几百条评论的网红，她应该不是那种立人设的意见领袖，不需要故意只展示给别人自己生活的美好部分吧。"

我并未再回答她这个问题，回答她的问题给我一种"叫不醒一个装睡的人"的感觉。

从我的专业传播学的角度来讲，在人们记录日常生活的朋友圈里，大家都只展示自己生活的美好部分，有意无意地立着人设，何况是在社交平台呢。

五十多条留言，算不上很红的网红，但至少也有几十万粉丝。认真展示一下自己美好与积极的生活，吸引些像我这个朋友那般羡慕其生活与爱情的年轻女孩们，多涨些粉，接几条广告，收入就抵得上上班族一个月的工资了。

我相信她们的生活里肯定有很多美好的东西，但我也很清楚做网红博主不是一件容易的事，过程中充满了辛苦，有内容焦虑、阅读量焦虑，还要时刻承担被陌生网友骂的风险，精神压力很大。

所以，不要过分羡慕别人的生活。每个人的生活都如饮水，冷暖自知，有好的，也肯定有不好的地方。有的人在喝到苦的水时会直接说真苦，有的人会接受自己的选择，苦也好，甜也罢，都吞下去，不抱怨，依旧热爱生活，努力往那杯原本苦的水里加点甜。

从命运手中拿过来的水究竟谁的更甜，谁的更苦，我们不知道，故事的 B 面谁都不知道。旁人的生活未必真如我们想的那么好，我们的生活也未必真的那般不堪。

唯一能确定的一件事是：我们都在努力且认真地生活着。

4

前几日，跟一个“御姐”聊天。我说：“我很喜欢钱，所以努力工作，拼命挣钱。但我身上特别奇妙的一点是，我虽然爱钱，但没那么喜欢父母或爱人给的钱，我更喜欢靠自己努力挣来属于我自己的钱，所以有时我会怀疑自己是不是活得太坚硬了。”

那个姐姐回我一句：“你只是没有安全感，活得太清醒了。因为太明白世事易变，怕出现什么变故，所以比旁人更坚定地相信‘紧紧握在自己手里的，才是真正属于自己的东西’，这是好事。”

二十岁那年，我开始正式写作，无人可依靠，也无人帮持，不知道自己究竟能走多远。我靠着坚持和所谓的天赋，一个一个关卡闯着，抓住我能看到的每一个机会，认真和身边每一个写作的同行与朋友搞好关系，卑微过，胆怯过，委屈过，崩溃过，被看轻过，也因为写的东西被骂过，真的很辛苦过，但还是走到了现在。

这段无人可依靠的经历，让我彻底独立。

我真的很怕再回到那什么都没有，只有一腔孤勇与真心的二十岁了，我不想再体验那种不被认识、不被理解，也无人可帮的孤独无助感。因为一无所有过，所以在好不容易得到这一切后倍感珍惜。

尽管当下生活也有艰辛，有疲惫，也有人跟我说“累了，那就休息一下呀”，但我真的不敢，也不愿意因为一时的疏忽与放松而自废武功。

我的脑中从来没有闪现过“要不找个男人嫁了，轻松过一生”的想法。我总觉得，职场虽难混，但婚姻这个战场未必会更容易闯，老板难伺候，但手心朝上向男人要钱的日子，未必会更好过。

总之一句话，各处的生活有各处的艰辛，无所谓“更轻松的人生”一说。

于我而言，江湖再难混，打下的疆土都是我自己的。我喜欢通过付出劳动获得报酬时的满足与心安感，我需要属于自己的东西。

看似活得太坚硬，但在这个易变的社会，这个不放弃事业也不放弃自我的姿态恰恰能让我们活得更幸福。当然，对于那些更看重家庭的女性，我尊重她们的选择。

希望大家选择家庭不是因为职场太辛苦，不是为了逃避工作压力，而是因发自内心地热爱而做出的选择。

有一句很浪漫的话——“逃避可耻，但是有用”。其实我一直不太认可这句话。很多时候，我们此刻逃避、糊弄过去的东西，并不会真的被糊弄过去。总有一天，我们糊弄的东西、我们没解决的麻烦、我们没克服的心魔，会以一种新的形式重新出现在我们的面前，逼着我们去面对，而这次我们需要付出比我们当初处理它所用的更大的气力与心力。

逃避没用，得去面对。生活中的很多事都如是。

做决定前，认真去选；选择后，坦然接受，别去抱怨。或好，或坏，都先接着，而后再慢慢想办法将坏事变成好事。

努力改变事情发展的方向，或是争取别的更好的机会，或是提升自己，都可以，总之要想办法将生活变成你想要的样子。

近两年我才明白，每个人面对的生活其实差不多，但总是有人把生活越过越好，也总有拿着相同一把牌却打得稀烂的人。我们以后过得好不好，不取决于眼下的生活如何，也不取决于我们是否能找到那个可以护我们周全的另一半。

跟任何人在一起，在任何地方生活、工作，都拥有逢凶化吉、变糟糕为美好的能力，才是我们幸福的根本保障。

幸福的密码在我们自己的手上，关键是我们自己要想明白。

14#

—

带着诚意去努力，
人生肯定不会差

没有哪个人的人生一直顺遂，

也没有哪个人的人生一直不顺，

生活肯定希望你通过这件事学点以后用得到的技能。

虽然偶尔生活不那么可爱，

但我愿意永远可爱，永远美好，永远取悦自己，

也愿意总是多一份期待地热爱生活。

这是我想要好好生活的诚意。去爱它，慢慢它也会爱你的。

—

1

我的微博设有一个“特别美，特别热爱”的分组，里面关注的都是些生活很美好、很认真的女性。她们有的过上了我想过的生活，有的总能把日常生活过得很美好，有的活得很努力、很较劲，有的跟我年龄相仿，但这些年从未懈怠过，靠着自己的努力刷新着人生的副本：去名校继续读研读博、出国留学、进大厂、进名企、进高校……平时认真工作、学习，工作之余也拥有丰富多彩的生活，搞好脸蛋，也搞好身体。

每当看到认真生活的美好热烈的她们，我都感到被治愈。漫漫人生，这世上还有这么一群人，她们没被生活打败，她们依旧坚挺，努力跨越生活设置的每个障碍物，依旧活得很美好。

她们的这份美好，一次次给我重新爱上生活的力量。并非我的人生最辛苦，何须自怜；她们也并非生来就拥有美好生活，如今的一切，也都是靠自己的双手打拼获得。

大家都在努力过好生活，我又有什么理由不去热爱生活。

于是，一次次因生活心碎，又一次次不怕心碎，依旧努力生活，内心治愈后继续热爱生活。

以上这段内心独白，几乎每天都在我的人生中上演。总有疲倦的时刻，但每次都安慰自己：我的生活并不是那么无趣，如果让她们来运营我的生活，肯定也能过得丰富多彩。

既然有更丰富多彩的活法，那就再努力一把，把生活折腾得更丰富多彩些吧。

2

有段日子，我对生活的态度跟“热爱”二字压根扯不上关系。我特别想要逃离，逃离生活中讨厌的人和事。把所有的情绪概括起来，就是我对当下的生活不满意，也不喜欢。

就像游戏副本一样，这个副本里有我想要的东西，有推动剧情的东西，不打通这个副本，游戏就没办法继续好好玩下去。我没办法弃掉这个副本，也不能直接说一句：“老娘不玩了。”

一切都需要时间，需要等待。那段时间，我过得极其痛苦。

后来，某天洗澡，花洒把水往我的脸上喷，我享受地任它喷洒，觉得好好玩。在那个瞬间，我的脑中突然浮现一句话：反正要拿到通关钥匙，总需要时间等待，那么我为什么不快乐地享受这个过程呢？

既然有些痛苦无法避免，那何不快乐地享受这些痛苦？痛苦之余，按照我想要的那样去好好生活，坚持运动，保持内心的热爱。不能便宜这场等待，不能白受这场委屈。

从那天起，我每日六点多起床，运动一个半小时。

而后，给自己准备一顿想吃的早餐，有时是贝果上涂满牛油果泥，有时是面包加果酱，有时是燕麦牛奶，有时是紫薯玉米鸡蛋。每天还会给自己做一杯咖啡，有时是美式，有时是燕麦拿铁，有时单纯把浓缩咖啡倒进酸奶。每天如是。

靠着这些很小的习惯和举动，我每天的快乐多了些，慢慢觉得生活还是挺美好的。即便当下的生活中有些苦难，但此刻的我也正过着未来的我想要的生活，坚持运动，吃得健康，自给自足。

我以前总觉得，得等我完成某件事后，我才能过上想要的生活。现在发现，只要真的想，此刻就能过上想要的生活。这是真的。美好生活其实没那么多限制条件，所有的限制条件都是我们自己加上去的。

如果你认为过上你想要的生活你就会开心，就会热爱生活，那么此刻不快乐的你何不试着按照你想象般去生活呢？

3

这是一个很“精致”的时代，每个人像田字格般活得规整，活得一丝不苟，并以少油少盐低脂、戒糖、自律为美德。吃得稍微油腻一点，就会被指责活得不健康、吃得不高级，甚至会上升到生活方式不对。一口吃错，就是不热爱生活。

曾有一次，我跟身边朋友分享我的某次高热量下午茶，有红丝绒蛋糕，有奶茶，有薯片，有巧克力，还有炸鸡。朋友看后，直接干脆地回复我:“你完了，又是甜食，又是油炸食物，又是垃圾食品，又是高热量食物，你吃得真不健康。”

其实并不是这样的。所谓的“自律”并非这么一刀切地等同于“热爱生活”。而且，“低脂、无糖”坚持久了，真的会倦，会觉得人生就像每一口都被精心计算过的少油少盐的食物，无味且无趣。

所谓的自律的生活，并不一定是你热爱的生活。

就如我在最难过时，最想吃的食物不是少油少盐的水煮鸡胸肉，而是大油大甜的火锅、烤肉、炸鸡、甜点；在我最沮丧时，我最想喝的不是健康的果汁，而是酒，微醺而后慢慢放松；在我最提不起精神做某件事时，最能让我恢复精力的办法不是去运动，而是打开空调，点开一部喜欢的电影，或找一本喜欢的书，躺在床上看，看着看着，在温暖中慢慢睡着，什么也不去想，什么也不去做，待这一觉睡醒自然精神饱满。

尽管在那些时刻吃得不那么健康，也没那么积极，但在那个当下我就是很开心，也很热爱生活呀。

我有时觉得，如今大家活得不快乐，甚至感受不到自己对生活的热爱，恰恰是因为大家太想活成世俗眼中“健康”“自律”的样子了。

我们太想活成世俗眼中赞赏的模样，以至于忘记了自己原本喜欢的东西，丢掉了自己原本的模样，活得很憋屈，很不开心。

如何找回热爱生活的自己？

首先要做的就是坦诚面对自己的内心，尊重自己的喜好。接受那个原本喜欢吃炸鸡吃高热量食物的自己，接受那个喜欢宅在家的自己，接受那个不那么热爱运动的自己，接受那个不爱社交的自己。

偶尔允许自己活得不那么“健康”。

吃吃垃圾食品，允许自己偶尔无所事事也没有任何目的地在家窝一天去追剧、看书、看漫画，允许自己偶尔做一些真的想做、真的热爱但可能旁人不理解的事。

你并不需要时刻自律，偶尔放过自己，尊重自己的喜好，做点你真正想做的事，吃点你真正想吃的东西。这才是真正的热爱生活。

4

相比二十岁那个总觉得自己的生活很糟糕、还有进步空间的我，二十六岁的我进步最大的地方就是：我学会了“自欺欺人”。换个更文艺的说法，我学会了给自己的生活是很美好的这件事不断找借口。

遇到难搞的老板，不断给自己做心理建设：没关系的，就当是历练。

如果这么难搞的老板我都能搞定，都能摸清他的脾气，跟他友好相处，那么以后工作中我再遇到难搞的人，肯定都能轻松搞定。

如此，就当是在学习成年人的人际相处之道。

遇到人生“农忙”时节，工作多，压力大，内容杂，且很多时候是几条线需要同时进行，也不再自怜自怨，反倒开心地对自己说：“这么忙碌，压力这么大，如果我都能挺过去，我肯定又能进步很多。”

这是机会呀，要迎难而上。

遇到生活不顺遂，即便再崩溃，待到情绪稳定后，也会努力安慰自己：你想想啊，没有哪个人的人生一直顺遂，也没有哪个人的人生一直不顺，生活肯定希望你通过这件事学点以后用得到的技能。所以，别沮丧啦，越是不顺遂，越不能哭丧着脸，不然会吸收更多的负能量。你要笑一下，要想想开心的事啊。

你要相信，这么认真生活的你继续努力下去，人生肯定不会差的。

这种行为看似很阿 Q、很傻，但真的很有用。

以往很长一段时间，我都是如此这般，一点点治愈自己，一次次重新拾起对生活的热爱。

5

前不久，有朋友跟我发微信说：感觉你的生活很美好，你总是元气满满，活力无限。

看到这条消息，我笑了笑后回她一句：不是没烦恼，只是我还想好好过我这一生。

我想让自己拥有丰富多彩的一生，忙时工作，闲时认真生活，开怀大笑，去吃好吃的，去旅游，去拍好看的照片，给自己买花买衣服，拥有健康有力量的身体，拥有好的生活习惯……

还有很多的欲望，想要让自己完成那些梦想。

虽然偶尔生活不那么可爱，但我愿意永远可爱，永远美好，永远取悦自己，也愿意总是多一份期待地热爱生活。

这是我想要好好生活的诚意。去爱它，慢慢它也会爱你的。

15#

—

南墙存在的意义，是告诉你及时调头

在真枪实弹的爱情故事里，
没有什么方法技巧，唯有“勇”字当头。
也不分慢热不慢热，只分还敢不敢爱。

不要因为一次爱不好、爱不到，就怀疑自己。
我觉得爱情最迷人的地方就在于，它总能轻易让人心碎，
让人明知这是南墙，还要一次次撞上去。
但这面南墙，并不能真的伤害你。

它存在的意义，只是告诉你这条路走不通了，
换条路走走看。
只要你不想被它伤害，它就没法伤害你。

—

1

我用了三年时间，跟那个人终于变成“就算他一次两次不回我的微信，我也不再着急猜测”的关系了。

这一路走来蛮不容易的，跟慢热的人相处，真的是一件很难的事。

我们认识那年，我二十岁。在我二十岁生日当天，我跟他发微信：“今天是我生日，你不祝我生日快乐吗？”等了很久，这条消息一直没有被回应。晚上十一点，我故意赌气，用一个对他完全没办法造成任何威胁的理由威胁他：“我感觉你不对我说一句生日快乐，我整个二十岁都不会过好。”

等到零点，依旧没等到那四个字。

二十一岁那年，我像魔怔了般，找着各种自以为很合理的理由，每天找他说话。他永远言简意赅地回应几个字，跟我划清界限，很防备地拒绝我打探他的“私事”，他的种种行为总给我一种“我不是他的朋友，只是一个陌生人”的距离感。

尽管当时我们已经认识很久，彼此很熟悉了。

二十二岁那年，为了拉近和他的距离，我做了特别多傻事。我很大胆地跟他讲过“我喜欢你”，但当时也怂，怕没办法面对这之后两人的关系，在那句“我喜欢你”后，又加了一句“反正我就只是想告诉你一声，你怎么想跟我没关系”。我借着喝醉，像个神经病一样跟他说：“我今天很想你，快说你也想我，不然我今晚不睡觉了。”最后他跟我说了那个“想”字。我通过我们的共同朋友疯狂地打探他的事，得知他有个喜欢的女孩，我的第一反应竟然是假装大度，跟共同好友开玩笑说：“既然他那么喜欢她，那你就帮他们撮合一下啊。”

我知道，在他的心里，我一直就只是个小孩，只是一时兴起才对他产生兴趣，这种感情不能当真。

二十三岁之后，我再也没跟他提过一次“我喜欢你”，我不再跟他聊任何感情相关的话题，好像完全忘了我喜欢过他这件事，很坦荡地跟他相处，不再故意去试探他，也没那么强烈地想去撞开他心里那座门，老实本分地把他当作一个普通朋友。也蛮奇妙，在我完全退回朋友位置，保持我们之间的安全距离后，我们反倒能慢慢打开彼此的心扉，很交心地说些真心想法。

当你非它不可时，往往得不到，抱着“随便吧”的心态，反倒能满载而归。

2

跟慢热的人相处，就是这种很奇妙的感觉。

有时，你以为你们已经结束了，结果对方才回过头，刚刚入戏；有时你以为你们之间已经开始了，对方还没缓过神来，只把你当成一个普通人。

跟有的慢热的人相处，花上一定时间，能捂热他的心；但跟有的慢热者相处，花很长时间，也等不到他回头。

他们就是那种看起来无害，但让人捉摸不透的一类人。

所以你问慢热的人该如何谈恋爱，我的第一真实反应是：太过慢热的被动者真的不配谈恋爱，他们活该单身。

我又觉得不能这般毒舌，我要走温柔路线，得好好给出建议，所以我也认真想了几条很中肯的建议：

第一，如果你喜欢上了一个慢热的人，你好奇他们的恋爱观，想对症下药，和他们发生故事，那么请记得：跟慢热的人相处，一定要主动。

刚认识时，可能对方很冷淡，一副爱理不理的样子，你千万不能生气，也不能就此放弃。只要还喜欢，那就慢慢来，就像滴水穿石一样，跟慢热的人相处，只能循序渐进。

还有，别指望一个慢热的人主动跟你熟络。若你真的对他感到好奇，那就主动去问，主动找话题跟他聊。

就算今天的聊天进行不下去，也不要上头，且把他搁在一边，先忙自己的事，自己玩。玩开心了，下次再想起他，还想跟他说话，就假装什么都没发生过一样，再去跟他聊。

过程挺漫长的，请事先做好拉长战线的准备。但比起自来熟的人，慢热的人往往更长情。一旦他真的把你当成很特别的人，那你就很难被取代。这也是慢热的人迷人的地方。

毕竟也正因为他们太难让人走进自己的心，所以他们才被称为慢热。

第二，如果你是一个慢热的人，你想谈恋爱，那么请记得一句话：别活得那么难搞。

遇到喜欢的人，别太端着了，有些时候别太能忍了，想找别人聊天，那就问一句“在干吗”。有句话说：“只要你再主动点，你们之间就有故事了。”

慢热的人谈恋爱，跟不慢热的人谈恋爱一样，都得遵循俩字：主动。主动争取爱情，主动接近你喜欢的女生或男生，主动向对方传递出“我对你还蛮有兴趣”的想法。

别怕丢脸，也别觉得主动争取一份感情显得自己很迫切，很没面子。因为高傲地仰起头颅、睥睨天下的那股“老子谁都不稀罕”的劲儿，真的不能帮你赢得爱情。

试着去接纳别人，别总在心里预先设置一道道门，不让外面的人走进来，偶尔要适当给那道门留个缝，允许阳光照进来，也给自己的生活留一点希望。

真诚地跟对方讲“我还蛮喜欢跟你说话的”，也挺酷。

第三，一定不要因为一次碰壁，就不敢大胆爱了。

我认识一个男孩，因为跟一个女孩认真表白被拒绝，就再也不敢主动了，变得被动、慢热。很多慢热的人，也并非一开始就慢热，慢热只是他们不被认真对待之后的保护色。

其实撞了南墙后，大家都一样，一边心碎，一边蹲下身捡起摔了一地渣的那颗心，慢慢拼凑完整。等下次再遇到那个想交出内心的人，也会迟疑，害怕再次不被好好对待。

可怕再次被伤害就索性封闭自己，这真的不是保护自己。如果真的对自己负责，那就要依旧敢爱，依旧努力去寻找那个对的人。不要因为一次爱不好、爱不到，就怀疑自己。

南墙存在的意义，只是告诉你这条路走不通了，换条路走走看。只要你不想被它伤害，它就没法伤害你。

我始终觉得，慢热不是保护自己最好的方法，敢爱敢恨才是。在这个人这里受了委屈，那就全都告诉他，骂他混蛋，或者就跟他吵一架，吵完就把对这个人的爱与恨都放在这里，不要带到下段感情里去。

3

有时，我真的会觉得爱一个人好难，接触难，相处难，相知也难。很多时候也真的不太清楚该前进，还是该撤退。想过无数次“要不就不爱了吧”，最后还是会很纠结地带着一腔孤勇，勇敢地爱，勇敢地受伤，再勇敢地站起来，继续前进。

我想，这才是成年人的真实爱情，含含糊糊，拖拖沓沓，谈不上很爱，也没有不爱，有时很勇敢，有时又怂得不行。

真枪实弹的爱情故事里，没有什么方法技巧，唯有“勇”字当头。也不分慢热不慢热，只分还敢不敢爱。

只是恰好在遇到那个人的那一刻，我们想勇敢一下，想勇敢做点之前没做过的事，想主动地迈出第一步，留住他。这就是爱情。

毕竟，我们不是因为勇敢才去爱的，而是因为想爱，才慢慢变得勇敢的。

16#

—

做对的事，
花长的时间

不要小瞧任何一个在节假日都坚持运动、
保持自律、追求更美更好的女孩，
也不要小瞧一个女孩变好、变美的决心。
她们的脸上洋溢着对更好的自己的期待，
但也不只是期待，
她们把期待变成行动，
把梦想变成现实。

我们缺的不是做某件事的能力，
缺的是守住我们好不容易养成的习惯的能力。
真正的努力不该只是在某个时间段内认真工作，
而应是持久地践行某种生活准则。

—

1

2022 年第一天上午，我去上了一节舞蹈课。早上出门时，朋友问了我一个问题：“今天是节日，何不放松一下，给自己放一次假，睡个懒觉，或是出去玩一下，何必非要去上舞蹈课？”

我回他一句：“于我而言，跳舞也是放松的一种方式。”

更多的，我并未解释。其时，我还有另一番心理活动：我对自己许诺 2022 年要继续坚持运动，每周至少去上四节舞蹈课。

如今 2022 年已到来，第一天是实施新计划最好的时机，那么就从今天开始践行，运动起来。

我平日也从未亏待自己，只要认真完成了阶段目标，该奖励自己时也大大方方奖励。对现在的我来说，庆祝节日最好的方式，早已不是吃喝玩乐。

我心中最好的庆祝方式是，继续规律生活，打造一个更好的自己。

原本以为大家忙着庆祝新年，像我这般在元旦依旧严格要求自己上舞蹈课的人不会多。结果并不是。新年第一天，小小的跳舞房里依旧来了很多人。

身边人忙着庆祝，好似全世界都在狂欢，待跳出圈子回过头一看，原来这世上，还有很多努力、认真、对自己下得去狠手、自律的姑娘。如此一想，我备受鼓舞。

不要小瞧任何一个在节假日都坚持运动、保持自律、追求更美更好的女孩，也不要小瞧一个女孩变美、变好的决心。她们的脸上洋溢着对更好的自己的期待，但也不只是期待，她们把期待变成行动，把梦想变成现实。

2

曾有很长一段时间，我有严重的“节后综合征”。过节本是一件值得开心与庆祝的事，但我每次过节就像经历一场人生小灾难：敞开肚皮跟朋友吃喝，好不容易建立的健康饮食习惯因为一个“节”毁于一旦；完全放纵自己玩乐，好不容易养成的早睡早起、规律生活的习惯也被破坏；以及毫不克制地去庆祝节日，以至于节后的几天特别疲累，收不回玩乐的心，没有精神，失去斗志，不想努力。

后来，我找到了问题的症结所在：花很长的时间去践行一个好习惯，可一碰到节假日就放弃，而后又得花很长时间去重建好习惯。每逢节假日，如此反复折腾几次，耗心耗力，最后只剩疲惫与放弃。

我们缺的不是做某件事的能力，而是守住我们好不容易养成的习惯的能力。

在人们的刻板印象里，“努力”的含义是加班加点、不畏艰难、很辛苦地去做某件事。但在当下充满诱惑的社会，真正的努力不该只是在某个时间段认真工作，而应是持久地践行某种生活状态。

不论外界环境如何，依旧维持自己已有的生活秩序，依旧吃得健康、保持运动，将“我们努力想做的事”内化成我们日常生活的一部分。要庆祝，也要努力；要放松，但也要护住野心勃勃的心气；要玩乐，但不能因为玩乐破坏好不容易建立的生活秩序。

二十七岁的我终于明白，我非毅力特别强大之人，我也非心态极其良好之人，每次破坏生活的已有秩序，我也很焦灼，也会怨自己为什么吃那么多，也曾因中途放弃过很多事而丧气。

我终于明白，习惯难养成，但易放弃，生活艰难的部分不是努力做某件事，而是长久地、十年如一日地去做某件我们很珍视的事，将好习惯变成生活的一部分。

所以，不妨以下面的话共勉：做对的事，花长的时间。

若能做到这一点，无论做什么，都不会太差。

3

朋友前几日跟我说，她想报名普拉提的私教课，得八千多块钱。她问我该不该报名。

我回她：“私教费在你的能力范围内，如果你真的很想学，那就去报名。这是对的事，应该做。”

朋友问：“你怎么知道这是对的事？”

我答：“能锻炼身体与意志，还能保持愉悦心情，最重要的是能让我们变美变好变健康，这样的事就是对的事。”

到了一定的年龄，评价一件事该不该做的标准只剩一个：做这件事，能否让我变美，变强，抑或是变得更开心。能，那便去做；不能，就不去碰。消耗精力的事，我再也不想去做了。

我之前花了大几千去报舞蹈班，身边人不太理解为什么我很执着地要花这么多钱去学舞蹈，她们觉得挺贵的，甚至在背后说我钱多人傻。

我的想法是，跳舞这件事能让我开心且精神状态很好，而且我喜欢，那便要去做。对于非常在意自我感受的人来说，如果过得不开心，抑或是精神状态不好，那做什么事都不会舒服。

有时，生活中最重要的事就是搞定自己的情绪，让自己快乐饱满。所以，我会每天花上一个半小时，什么也不想，专注上舞蹈课，出一身汗。运动后心情愉悦，觉得放松，更有气力去应对生活的纷繁复杂，能更快乐地生活，也能更精神抖擞地去写作与工作。

所谓对的事，就是那些能帮我们搞定自己的情绪，能让自己更有底

气、更平和地面对当下和未来变数的事。

4

那日运动完，在回家的车上，我的脑中突然蹦出一句话：在我们自己身上克服这个时代。

漫漫人生，我们还会遇到很多难关，学业上、工作上、感情上、婚姻上、人际上、生活上……但所有困难与纠结的解药，不在别人手里，而是握在我们自己手里。我们要做的就是搞定自己，让自己变得足够勇敢、足够强大、足够坚强、足够有底气去面对失去与得到。

我们的快乐与难过、成功与失败、骄傲与自卑、坚强与脆弱的钥匙，都在我们自己手里。很多时候，不是生活为难我们，而是我们自己为难自己。

当我们让自己活得舒展，生活也会变得顺遂。

年少时，我们常常活得很复杂，想要别人的爱，想要别人的喜欢，想要认可，想要赞美，想要锦鲤护体，想要很多钱，想要某个学位，想要某场考试顺利，想要生活少为难我们一些。

我们习惯将自己的快乐和外界挂钩，我们将自己快乐的权利让渡给他人，所以，活得拧巴、脆弱，有一颗玻璃心，也不快乐。

长大后，我们清楚很多东西控制不了，所以干脆放弃那部分期待。我们不愿意再把自己的快乐寄托在别人身上，早早认清了旁人靠不住，所以放弃那部分幻想，专注于自身，把自己活成能庇护自己的“骑士”，让自己依靠，让自己快乐，也能替自己排忧解难。

当然，我们依旧相信爱，也愿意去爱人，只是清醒地知道每个人都有自己的难关要过，可以去爱，但不要完全去依赖。爱情如是，亲情和友谊也如是。

想要长久幸福，还是要多关注自身，多做对的事，拿时间、精力与心思来培养自己、塑造自己，把自己活成一件拿得出手的了不起的作品。

相信时间的力量，相信自己的可塑性。祝你也能活成自己满意的样子。

17#

—

你发了 99 条微信，他回了一个“嗯”

这个世界上，

任何一点你想要的东西，

都是靠你打破砂锅问到底，

用就算丢脸也在所不惜的心，

一点点主动争取来的。

爱情是，人生更是。

—

1

二十岁的时候，我喜欢过一个男生，他经常不那么及时地回复我的消息，让我感觉被冷落。

后来发现，成年人的世界，爱而不得、爱而有憾、爱而不得解、爱而委屈、爱而难忘的故事，真的很多。

对于经常等不到对方的消息，二十岁的小文假装很豁达地说：“没有非要爱到不可的人，也没有非得等到才肯睡觉的消息，那个等不到回复的对话框就此删掉吧，那个不回复你的人也别再去找了，要知道，真正想回复你消息、真正想跟你聊天的人是不会这样的。有时候，没有回复其实也是最好的回复。”

赤诚爱过却没得到回报的人，这样的情绪或多或少肯定都会有过。

2

给对方发出消息后，会充满期待等着。一秒、两秒、五秒、十秒、一分钟，在称得上“秒回”的那个时间段没等到回复，首先是会给对方找借口的，“可能他刚好在忙”；五分钟、十分钟、半小时后，会猜测对方在干什么，为什么不回复我的消息；一小时、两小时、三小时、五小时后，会有点失落，感觉对方不会回复了，但内心还是有期待的，“万一他今天特别忙呢”。

十二小时、二十四小时、三十六小时后，依旧没有回复，会开始怀疑自己，“是不是我说错话了”“是不是我哪里没做好，惹他生气了”，要不然对方怎么不回复。

等时间再久一点，两天、三天、四天、一周、十天……依旧等不到对方的回复，会开始难过委屈，甚至内心会带着些对对方的怨，“他肯定不喜欢我”“他肯定讨厌我，要不然怎么连消息都不回我”。再慢慢地，这种情绪会变成“他有什么了不起，我还不奉陪了呢”。

可就算嘴上狠话说了一百遍，心里却依旧第一百零一遍、一百零二遍地回头频频看向那个人。在爱情里，要脸的是我们，不要脸的也是我们。

坦白讲，二十岁的时候，我真的觉得不被喜欢的人“秒回”，甚至回复，好难过啊，更准确来说是觉得丢脸。

把自己那颗热腾腾的心满怀期待地捧到你的面前，你却看都不看一眼。看着它一点点慢慢变凉，我也不舍得把它收回去，还在心里暗暗期待着“再等等，说不定他现在忙，还没看到”。

到最后，我眼睁睁地看着这颗心变凉，开始结冰，却不知道，你究竟是嫌这颗心不够热烈、不够好、不够真诚，还仅仅是因为这颗心是我的，所以怎样都是不好。

一边恼恨自己，为什么让别人那么早看到自己爱的底牌，多揣一下不好吗，一边又因为表达了自己的喜欢，而觉得尴尬、羞愧。那份他不去珍视的心，到最后连我自己都觉得好廉价哦。

以上所有情绪，我都完整真切刻骨地经历过。当然，这份在赤诚中带些手忙脚乱的喜欢，是很美好的，有青春的味道。只是，我现在回想这段往事时，更多是觉得自己活得太拧巴。

3

二十岁的时候，没收到回复就反复猜，会以为不及时回复消息就是不喜欢自己，要不然为什么不回我的消息？这逻辑看起来很缜密。

但为什么对方没回你的消息，你不是再发一条问一句，而是独自黯然神伤，自以为很懂事？

别说不打扰是体面，是识趣，是给自己留最后一点自尊。喜欢本就不是一件能全身而退的事，真想识趣、大度、体面，你就不该来蹚恋爱这摊浑水。

在一段关系中，真正为自己好，就斩钉截铁地非得从对方口中得出一个原因。转身甘心，留下也踏实，这才是对自己负责。

要说这几年，我最大的进步就是，学会帮自己找到答案。遇到别人不“秒回”，遇到等不到结果的情况，不会再自己抱着手机辗转反侧地去猜，生怕对方不知道我在等他的消息，还一遍遍地在有他的社交平台做作地刷着存在感。

不会了。现在的我，更多是直接去问。问一遍没回复，等过段时间再去问一句："你看到我发的消息了吧？"

反正，若我真想要你的一个答案，一遍不回，那就两遍、三遍……问到你回答为止。

这个世界上，任何一点你想要的东西，都是靠你打破砂锅问到底，用就算丢脸也在所不惜的心，一点点主动争取来的。

爱情是，人生更是。

4

二十岁的我会说：那个不"秒回"你消息的人，肯定没那么喜欢你，撒手吧。

现在，我会说：喜欢，就一定要争取；好奇，就要去问；想念，就要去告诉。

可能有人会说：你这个人的想法真是前后矛盾啊。

但是，你们知道吗？二十岁的时候，我还觉得喜欢很常见，就只是一场心动。这个人没办法让我心动，那就换另一个人，反正年轻人的喜欢，还是很容易的。

等再长大一点，在真实的人间反复浸泡几回，一个人咬着牙走完很长的路，处理好自己所有复杂的情绪，等有一天终于长成了一个所谓的“大人”，你早已不在乎别人怎么看自己，也不怕这条路上没有同伴，也不再非要得到谁的支持和肯定，也不再在意喜欢的人是否回复消息这件事。

毕竟比起喜欢的人的回复，客户、合作方、老板的回复更有价值。我们终于不再为爱太难过了，却也再也不会爱了。

看似我们在成长，在变得坚强，变得独立，实际我们在失去，失去爱，也失去被爱的能力。

所以，如果你在人生现阶段，还能遇到这么一个你会在心里想很久“他为什么不回我的消息啊”的人，一定要珍惜。不只是珍惜他，也是珍惜你心动的那一瞬间。

你最该知道的不是“那个人在想什么”，不是去猜测，而是反问自己：“我为什么会好奇他在干什么？”找到你内心的答案后，一定要更勇敢一点。

给自己一个答案，也给自己一个心动的理由。很多时候，爱情的开始就只是这么一个很小的瞬间的好奇和迷茫，在遇到他的那一刻，恰好像迷路了一样，需要清楚地知道他在哪里、他在干什么，才能走得踏实。

去拥抱这种感觉，去争取，去告诉他：“嘿，我还蛮好奇你在干什么的啊。”脸皮厚点儿，也没什么的。

要勇，要敢，不要怕主动，不要怕被拒绝，不要怕被忽视，毕竟这是你的人生啊，这辈子要跟什么样的人在一起，得靠你自己争取啊。

即便最后真撞上南墙了，那就撞吧。撞完了记得转个弯，找条新的路，重新出发。

以后还要继续去爱，去拥抱，去流泪，去感动。

18#

—

成年人懂得权衡利弊，并不是丢脸的事

请记住你恭维任何你讨厌的人的根本目的，
是让你目前的人生稍微好过一点。

可以偶尔说说虚情假意的话，
但不要让自己真的成为一个虚假的人；
可以在他人面前自谦说自己不行，
但永远不要觉得自己不行；
可以被他们打击到，也可以因为他们的话伤心难过，
但永远不要为了任何人放弃自己的初心。

—

1

我写专栏时，收到一个读者提问：如何和讨厌的人和平相处？

若是十八岁的我看到这个提问，早在内心翻了无数个白眼，一边翻白眼一边还要吐槽：我如果不喜欢这个人，为什么还要想办法跟这个人和平相处？大不了老死不相往来得了。难道我就是缺这么一个朋友吗？难道我的人生离了这个人真的不能发展吗？难道我不该活得快意恩仇些，喜欢就热烈喜欢，讨厌就干脆讨厌，为什么明明很讨厌一个人还非要费尽心思跟其相处，不累吗？

如大多数少男少女一样，十八岁的我也敢爱敢恨。

但若你问如今的我会跟讨厌的人翻脸吗，我的回答肯定是“我不会”。尽管我依旧敢爱敢恨，依旧愤世嫉俗，内心的小宇宙依旧存在，对某些事、某些人内心深处依旧会看不惯，但我不会再去跟那些讨厌的人撕破脸，不会跟他们争吵，也不会毫不掩饰地让讨厌的人知道我对他的讨厌。

是我真的变成了一个俗气的大人吗？

并不是的。

年少时的我觉得跟讨厌的人撕破脸、无所畏惧地吵一架非常爽，但长大后慢慢觉得，跟一个人闹掰比费尽心思跟他好好相处更累，更耗费精力。

我慢慢明白，当你不需要别人帮忙时，生活中的大多数人看起来普通而无害；当你跟你眼中不起眼的人闹不愉快后，会很明显感觉到因为他们，你的工作、生活会陷入被动之中。

生活中的人部分人都是如此，若你们和平相处，他们看起来就很普通，但若有一天你们之间出现了点矛盾，你会明显感觉普通如他们也会卡住你的生活，让你在某一方面明显感觉吃力。

说句很现实的话：你指不定某一天真的需要那个你讨厌的人的帮助，何必非要撕破脸？

也许有人会问："难道到那一天真的只有那个你讨厌的人能帮你吗？找别人帮你不行吗？难道你不能让自己变得厉害一点，变成别人需要找你帮忙吗？"

对于第一个问题，我只想回一句："如果有一天，我遇到一个问题，恰好只有身边讨厌的那个人能帮我，我为什么不能找他帮我？"年少时才会为讨厌一个人赌气，死活不肯向他服软，坚持不肯向对方寻求帮助，但如今我长大了，早就过了低自尊的年纪，如果身边这个人能在我为难的事上帮我一把，不管我是否讨厌他，我都会主动开口让他帮我一把。他帮，那就感谢；不帮，再想别的办法。

如果身边有更容易的办法可以尝试，何必为难自己耗尽心力找旁人帮忙，节省点精力做别的事不好吗？

对于那句“难道你不能让自己变得厉害一点，变成别人需要找你帮忙吗”，我只想说：吹牛的话，谁都能说，说起来也容易，难的是承认自己并没那么厉害。我承认自己并不是无所不能，我承认很多时候我需要身边人的帮助，我也承认我并不想为自己树太多敌人。

但承认自己的不足、选择不跟人撕破脸也并不代表我选择卑微地跟人相处。

不，不是这样的。我依旧保持我的尊严，我依旧尊重我内心的不喜欢，我依旧愤世嫉俗，只是我不再大张旗鼓地讨厌一个人，而是选择与他和平相处，哪怕是表面和平。

成年人都知道人生很多时候喜恶并不能做到那般分明，我时常觉得，我们不是和那个让我们讨厌的人相处，那个讨厌的人是谁也不重要，重要的是我们要学会和自己相处，和自己内心的那部分“不喜欢”相处。

2

年少时，被人误解，会想要马上解释清楚，哪怕跟对方吵一架；被人不公平对待，会委屈，会愤恨不平，会觉得对方偏心，会讨厌对方；看穿别人的自私，会觉得厌恶，会想着马上把对方的这份自私揭露出来；看穿旁人身上那份由嫉妒、羡慕自己引发的各种情绪，会很生气，会想我又没偷没抢，我靠自己的本领走到现在，凭什么她总觉得我运气好，凭什么她总见不得我好，会拼命要跟那个人划清界限。

以上这些事，我都曾做过。

我曾在很长一段时间以为，我只要变优秀了，到一个更好的环境，就不会再遇到这种时刻。后来发现，讨厌一个人，以及被人讨厌，是每个人都会面对的问题，跟你是否优秀无关。

而后，我慢慢想明白了一件事：我并不是要跟所有人成为朋友，我并不需要被所有人喜欢，我也并不需要喜欢所有人。

于是，不再强求自己喜欢身边的每个人，学会了装糊涂，很多时候睁一只眼闭一只眼，看似是不为难别人，其实也是放过自己；学会了在面对讨厌的人时对自己说“没事，反正我也不需要跟她做朋友，共事而已，把不得不跟她相处的几年过完就好了”，慢慢地学会了宽容；学会了在别人误解自己时，闭口不解释，任他如何说，我只一副不在意的样子，不是我怕对方，也不是我吵不赢对方，只是觉得“对方并非对我重要之人，也非我的朋友，我并不介意他是否误解我。我很清楚，若他说我一句，我争一句，他再争一句，没完没了，好浪费我的时间。我有如此精力，还不如运动一小时，或是写篇文章，好歹能换个健康身体或是赚点稿酬”。

我和讨厌的人和平相处的最核心，也最底层的逻辑即是：想明白了，我并不必和对方成为朋友，也不必跟对方长久相处，所以即便一时不悦，也能安慰自己不跟讨厌的人计较。

在不得不跟讨厌的人接触时，就接触一下，接触过程中不悦也好，不舒服也罢，总之时刻告诉自己“没关系，忍忍，他又不是我的朋友，我又不需要长久跟他相处，就这么一会儿，结束了就好”；而后，在能不接触对方时，就去过自己的人生，去跟自己喜欢的朋友相处。

3

我有一个特别严厉、特别刻薄的老板，他给我使了一个很大的绊子，这个绊子可能会影响我未来人生的某个选择。他还喜欢 PUA 我们，拿他比我们多混了三十多年江湖的经验鄙视我们，说我们差劲。但他不只是就事论事说我做的那部分工作差，还顺带把我认识他之前的所有成绩都否定了，说我写的文章差，说我连一句话都写不清楚。他一次次诋毁着我们最在意的东西，一次次骂着我们，打压着我们。

若问我讨厌他吗，坦白地说，我很讨厌他，甚至有点恨他。

那么为什么我不跟他撕破脸？

理由很现实：他手里有我想要但暂时没得到的东西，我需要用时间、精力去得到我想要的东西。

而且，我心里也清楚，跟他撕破脸这件事很麻烦，会影响我的生活，影响我的情绪，甚至影响我未来的发展方向。我为什么要因为他对我为难，要因为我运气不好遇到这么一个讨厌的老板，就自暴自弃，甚至搞砸自己的人生，搞砸自己的生活？他不值得我放弃我的人生，不值得我退却。即便面对高压，即便难搞，我也要努力把人生过成自己想要的样子。

对他的这份讨厌不值得赌上我的人生。

“对讨厌的人甩脸子，甩手走人”，这种做法我知道很酷，有大女主的感觉，也很爽。但生而为人，想要进取，很多时候就得忍，得拿到我们很讨厌的那个人手里的通关钥匙。

这份忍受不是不加思考地全盘接受，而是与之相处时，不管对方批评也好，责骂也罢，全都假装顺从地听着，觉得他说得对，就改一改，觉得他说得不对，就左耳进右耳出。依旧热爱生活，依旧努力工作，千万不要因为他不负责的几句否定就否定自己的人生。

要坚持自己的热爱，努力做正确的事，认真做滋养自己人生的事。

请记住，你恭维任何你讨厌的人的根本目的，是让你目前的人生稍微好过一点。

可以偶尔说说虚情假意的话，但不要让自己真的成为一个虚假的人；可以在他人面前自谦说自己不行，但永远不要觉得自己真的不行；可以被他们打击到，也可以因为他们的话伤心难过，但永远不要为了任何人放弃自己的人生。

4

如果真的忍不了，请记住你们的人生并不是只有一条路可以走。

我支持你们成为懂得权衡利弊的体面成年人，我支持你们坚强且隐忍地活着，偶尔忍气吞声一点儿，也并不是一件丢脸的事。不要因为自己活成了世俗的大人而讨厌自己，我们每个人都有忍气吞声的一面，只是有些人的隐忍被你看到了，有些人的隐忍则在你看不到的故事 B 面。

也许我们都曾讨厌过自己，而我们才是最清楚自己为什么会这样的人，也是这个世界上最不该讨厌自己的人。

我也给你们的放弃投一张赞同票。如果你真的撑不下去了，没办法做到和讨厌的人和平相处，那么我也支持你展现随时翻脸的勇气，只要你真的快乐。

只是做完这个决定，你接下来走的这条路会艰辛些，会付出一些代价。

但是我想说的是：成年人在社会上要学会的第一堂课是挨打就要立正，别为自己已做的决定后悔，别逃避现实，别为某个决定郁郁寡欢、觉得自己的人生完蛋了。

人生路千千万，只要你努力，只要你敢闯，只要你真的有实力，你总能干出一番成绩。不要怀疑，也别害怕。

我很喜欢“在喜欢我们的人那里去热爱生活，在不喜欢我们的人那里去看清世界”这句话。

喜欢的、不喜欢的，好的坏的，都可以成为滋养我们人生的东西，就看我们怎么看待了。

19#

—

有时候强硬没办法解决的问题，温柔却可以做到

总有那么一个瞬间，

我们会遇到几个就算自己努力变得“更厉害”和“更强”

也没办法解决的问题。

或许我们已经够好了，但依旧不被喜欢。

因为这就是爱情，不讲逻辑，

有时乱拳能打死老师傅，

有时无心插柳却种成了树，

有时那句感情强烈的“我偏要勉强”，

也只能换来一句“我知道你很好，但……”。

—

1

年少的时候，我曾不知轻重，满身使劲儿地爱过一个人。我很喜欢他，喜欢到在很多文章里或直接或间接地提到过他。

那会儿年少，不知道怎样做才能让另一个人觉得自己很好，总以为只要我变得更厉害一点，他就会觉得我很好。所以，我很努力地做好每件事，想让他知道我是一个很厉害的人，是一个很值得的人。

一路走来，我也还算争气。

可就算今天的我总比昨天的我好那么一点，我们之间的关系还是一直平淡，没半点进展。在很长的一段时间内都是如此。

更令我感到挫败的是，我很辛苦地走了大半路程，突然发现在这条“只要我变厉害了，他就会爱上我”的路上，不管我变得多厉害，不管我多努力，只要衡量标准是“厉害才值得被他爱”，那么在我前面永远有比我更值得他爱的人。这真是挺让人无力的。

从小被灌输“学习好、有能力的人，才值得被喜欢”，长大后的我真的不知道，如果有一天，我遇到了努力也没办法解决的事，我该怎么办。这个问题的答案，老师没告诉我们，课本没告诉我们，父母也没告诉我们。

总有那么一个瞬间，我们会遇到几个就算自己努力变得“更厉害”和“更强”也没办法解决的问题。或许我们已经够好了，但依旧不被喜欢。因为这就是爱情，不讲逻辑，有时乱拳能打死老师傅，有时无心插柳却种成了树，有时那句感情强烈的“我偏要勉强”，也只能换来一句“我知道你很好，但……”。

2

其实，这个故事到这里并没有完。

我们最后也并没以“我想靠近你但是靠近不了，只能当个最熟悉的陌生人”这种很令人遗憾但又确实每天都在上演的大多数男女间的故事收尾。

后来，我们都经历了一段生活很差劲的日子。

我们恰好还是彼此这段经历的完整见证者。

他遇到难关那会儿，我们吵架，闹翻了。我忍了很久，还是没忍住，凌晨两点爬起来打开电脑，给他写了一封快三千字的邮件安慰他。毕竟当时还在冷战状态，没办法直接去安慰，因此在给他的那封邮件里，我还故意写了一句：“我不是关心你，只是今天晚上喝了点酒，有点不清醒，想跟你唠叨一下。”

后来，我也遇到一件很困难的事，也多亏他在关键时刻给了我一个浮出水面喘口气的机会，才让我有勇气继续走下去。

就是在这两件事之后，我能明显地感觉到，我们之间的关系有了微妙且良好的转变。

后来，我问过他，为什么我们的关系一下子变得这么好。

他给我的回答是，大概因为我们一起经历过很多事。

但我觉得这个答案不够确切，真正的原因应该是：我们都见过对方脆弱的时候。

我们都间接或直接地向对方示弱过，向对方发出过“我真的不行了，你能帮帮我吗”的信号。

因为见过对方真正的样子，不是在对方把骄傲的头仰得高高的时刻，而是在对方低下头用很低沉的声音说“我不知道怎么办”的时候，所以更能明白对方。原来看起来很强大的他，也有怕的时候；原来我眼中高冷的他，其实是一个很温暖的人；原来很久很久之前，我们都误会对方了；原来我们不像别人眼中看到的那样无坚不摧、无所不能……

不，不是的。

我们的内心都住着一个小孩，一个遇到问题会不知所措、会怕的小男孩，和一个在很多时候需要那句“别怕，你可以的”才能走下去的小女孩。

小男孩和小女孩在一起，会产生更纯粹、更美好的东西。

或是爱，或是发自内心的关心，或是单纯的愿望：“我想陪着你”“我想对你好”。

不管友情还是爱情，两个人真正变亲密，是从愿意带对方去自己心里走一遭开始的。让对方看到，原来我也跟你一样，我的内心也住着一个鲁莽的小孩，也会犯错，会迷路，会难过，会委屈。所以，你不要怕，也不要因为委屈难过而觉得自己不够坚强。没事的，我也经常这样。

我蛮庆幸有机会见证了他那次的难过。这让我吸收到了很多力量，在以后的漫长时光里，每次觉得走不下去了，拿出来看一眼，就又有力气继续前行。这也让我拥有了一份很美好的关系。

所以，为什么要让喜欢的人看到自己偶尔很脆弱的时刻？

因为这是一个很奇怪的时代。

大家都想表现得跟别人不一样，想做最好的、最特别的、最坚强的、最努力的、最优秀的，但我愿意褪下所有的保护色，让你看到我没那么特别，我跟你一样，都只是努力想把人生过好，但努力了很久，依旧一遍遍搞砸人生的普通人。

我愿意让你看到我的软肋，看到真实的我，让你知道，这个世界有时候很冷漠，人生有时也很难，但是别怕，我跟你一样，你不是一个人。你看，我那颗看似坚强的心，里面也写满了紧张和害怕。

没关系，我们一起紧张，一起走下去。

有时强硬没办法解决的问题，温柔却可以做到。

3

人类特别会示弱。这与生俱来，越小的时候越擅长，只是后来我们长大了，懂事了，反倒不敢再在别人面前表现我们本真的一面了。

为什么不敢示弱？

因为我们不确定，那个有缺点，有时没那么可爱、没那么幽默，有时还有点自私冷漠的自己，那个难过时没那么坚强，会崩溃大哭，会抱怨生活好难，没别人想象中乐观的自己，那个遇事没办法做到百分之百地沉稳，第一反应不是想解决方案，而是想原地坐下大哭，想甩手跟生活说“我不想玩这局游戏，我玩不下去了”的没那么坚强的自己，是否值得被爱。

会不会别人在看到我们真实的一面后，就像读书时老师看到我们那张很差劲的成绩单时一样大失所望，甚至还会觉得，怎么有这么不聪明的人啊，这么简单的东西都不会。

在“示弱”这门课里，我们需要学习的不是“怎么去做”，而是相信在那个对的人面前，我们的每次真诚袒露都不会遭到怀疑和否定。

有时两个人、两颗心能够走近，只是因为我愿意让你看到我的不完美。

那么如何示弱？

“抱歉，这件事我没考虑到你的感受，你能原谅我吗？”“我不该跟你发脾气，我知道自己刚刚情绪不对。”“我不想跟你吵架了，我也很难过，我们能好好沟通一下吗？”或者说：“我们能和好吗？以后都不要这样了，我不想我们变成这个样子。”对呀，我们就是这样，偶尔会很任性，很冲动，会做一些很“作”的事，但是我们知道自己错了，我们愿意为了这段关系去学习如何变成更好的大人。

就把这些如实告诉他好了。

看似先说出那句“请你留下”的人是先低头的一方，显得不酷，但很多时候，我们作为那么酷的一个人，愿意做不酷的事，只是因为我们在乎对方啊。

别怕让他知道你很在乎他，就算我们真的是更在意这段感情的一方，那又怎样？对呀，我就是很在意啊。我不怕让你知道“我很喜欢你”，因为这是事实。

我也不怕你知道了我爱你爱得更多，就会觉得吃定了我，可以随便对我。因为像我们这样的人，都是极其尊重自己的感受的，真的喜欢上了，会很勇敢地让对方知道，但若在对方那里感受到“付出不值”，也会尊重自己的感受，选择离开。

别怕在爱情里做看起来更在乎的一方，尊重你的感受。毕竟帮你留下爱情的，从来不是你的骄傲，也不是你的傲娇。就算我很骄傲，为了你我也愿意把它收一收。我更希望我们一起好，而不是只有我好。

4

有人在爱情里某次示弱了，而结果不似预期，妥协了依旧不被理解，便会生出怨气，好像自己吃了很大的亏。

这样的想法是恐怖的。

感情不都是一个愿打，一个愿挨吗？别把我们的爱情包装得多么美好，也别把自己包装得多么大度体贴，没人需要你让，你大可不去让谁。大多时候我们选择做一件事，本心都是利己的，说到底，也只是自己怕失去。所以，坦然点面对自己的内心，就算为了所谓的“骄傲”“面子”，你在对方面前打肿脸充胖子说了“我知道你就这脾气，所以我不跟你计较”，也请诚实地告诉自己“我是发自内心想做这件事”。

我更赞成在爱情里拥有一种“我喜欢你，我对你好，只是因为我此刻想这样做”的态度。因为不想我们的关系变得太糟糕，所以我想做出点改变，想跟你说“抱歉”。我这么做是自愿的，而不是因为我知道你听到这句话就会很开心。

在做爱情这道题时，我们并不想赢了谁。

我低头，我主动解释，只是因为我觉得你这个人对我来说还蛮重要的，我想好好珍惜你，不想冲动且轻易地错过了你，也真的不希望我们之间留下任何误会。

喜欢一个人，那就心甘情愿地去喜欢。没人逼你，你也别自怜。

20#

—

别胆怯，
按照你们想的那样去爱就行了

这是一个大家都喜欢把自己伪装成一个有故事的情种的时代，
我们以自己有一段痛彻心扉的过往为荣，
好似过去爱得越多，爱得越深，就越值得称赞。

尽管过去很难忘却，
但爱情里最美好、最值得珍惜与歌颂的是当下，
是此刻你正爱着的那个在你身边的人。

不要辜负此刻你爱着的和正爱着你的那个人。
如果真的做好了准备开始一段关系，
请给对方一份清清楚楚的爱。
这是他教会我的第一件事。

—

1

我一直很好奇女性下定决心走进婚姻时的内心想法。

私下跟女友们边喝啤酒吃零食边聊天时，我突发奇想说了一段话："对于有专人运营的企业来说，存活上百年，甚至几千年，都是一件很难的事，更何况我们大多数人并不懂经营与管理。让一个人跟另一个人长久地生活在一起，本就是一件反人性的事，毕竟人性总是善变且追求新鲜感的。"

我不知道这段话我是在哪本书里看到的，还是受平日课堂上哪位学者影响，抑或是我真的认真思考过婚姻的本质。

总之，突然说出这种极度现实的话，我自己也很吃惊。

骨子里，我对婚姻这件事有点过分谨慎了。

我不想神话爱情的力量，但坦白说，在遇到他之后，在爱情这件事上我变得勇敢了。

偶尔依旧会悲观，但更多时候，一想到身边这个人是他，也能试着继续往前走走。

他之前没谈过恋爱。

在认识我之前，他在高中时代喜欢过几个女生。他很认真地跟我讲过她们的事，甚至还跟我分析过自己当初为什么会喜欢她们。

我很钦佩他的这份坦诚。

这是一个大家都喜欢把自己伪装成一个有故事的情种的时代，我们以自己有一段痛彻心扉的过往为荣，好似过去爱得越多，爱得越深，就越值得称赞。

如果真的做好了准备开始一段关系，请给对方一份清清楚楚的爱。这是他教会我的第一件事。

尽管过去很难忘却，但爱情里最美好、最值得珍惜与歌颂的是当下，是此刻你正爱着的那个在你身边的人。

不要辜负此刻你爱着的和正爱着你的那个人。

2

我是一个在爱情里有点别扭的人，尽管我努力地表现出我要爱得坦坦荡荡，但在最初，我的爱真的一点也不坦荡。

我的内心很胆怯，怀疑对方喜欢我是因为我的才华，因为我的身份，因为我对生活抱持的积极美好的态度。我不确定如果有一天我变得糟糕，变得不好看，他是否还喜欢我。但与此同时，我又继续扮演好他喜欢的那个样子。

一边怕别人喜欢我仅仅因为我的好，一边又不断地跟对方展示自己的好，就像一个很幼稚的小朋友拼命地把自己口袋里的糖拿出来给对方吃，希望对方陪自己继续玩下去。

我不知道玩伴跟自己在一起玩，是因为我的口袋里有糖可以吃，还是因为他真的喜欢跟我玩。

就在我不知道该怎么面对这种情况的时候，他主动说到了这个问题。

他说："我感觉你在我的面前总想表现出你的好。我很喜欢你积极美好的一面，但我没办法感受到你真实的情绪。我希望你有不开心的事能跟我讲。"

在他说完这番话后，电话这端的我很没出息地哭了，哭了好久。

我是在传统家庭长大的，身边所有人都跟我说："你要成绩再好点，你要考个好学校，你要找个好工作……"他们鼓励我往前跑，跑得再远一点。我每次成绩好了，会得到夸奖；成绩不好，总能看到他们忧心忡忡的脸。

我一度觉得，他们喜欢的只是那个会考出漂亮成绩的我，而不是真正的我。

从小被要求做一个聪明、听话、懂事的小孩，在这样的背景下长大的我很擅长做一个符合别人期待的小孩。我很擅长在初次见面时给对方留下很好的印象，我很会说那些大家听了都很开心的漂亮话，我也能够在各种场合都做到落落大方和得体。

我真的很擅长这一套。

我学着慢慢成为一个滴水不漏的大人，以为大家都会喜欢这样一个很“好”的我。但是，他却跟我说：“没关系，在我的面前，你可以表达真实的自己，做你自己。”

他包容我的小情绪，试着理解我的很多做法，关键时刻总能站在我的身边支持我。

我不想夸大爱情的功效，说出“真正爱你的人完全不在意你完美与否”这种违背良心的话。这不现实，我知道的，我们骨子里都希望有一个更好、更体贴的爱人。但我想说的是，在这个有时很虚伪、有时很冰冷的世界里，真的会有那么一个人，欣赏你的优秀，也愿意理解你的脆弱。这真的不错。

也许他不能永远庇护你不让你受伤，但在外面下大雨的时候，不管你是淋湿了，还是受冻了，他这里永远会有一个温暖的臂弯留给你。至少在他这里，至少在有些时刻，你还能做回一个小女孩。

在成年人的世界里，还有这么一份温情存在，这就够了，够我们再继续翻几个山坡，越几个岭了。

这世上没有完美的爱人，但真的会有人认真地来爱你。

3

我们刚相处不久时，他家的亲戚对我有些微词。说来说去，无非就是他们怕我带目的性地接近他。他们不了解我，觉得我不够好。

人类习惯带着已有的刻板印象去看待自己不了解的人或事。我理解这些。但我骨子里是一个很骄傲的人，骄傲的人经不起被人误会，一被误会，就想逃跑。这么说来，我其实也是一个很擅长逃避的人。

在最委屈的那段日子，我跟他说了很多丧气的话。最难过的时候，我甚至想过丢掉这段关系。我明明很好，明明什么都没做错，凭什么要被误解？

那段时期，他跟我说得最多的一句话是："你要相信，不管发生什么，我都会站在你这边，你还有我啊。"

他本是一个不喜欢跟亲戚们过多打交道的人，但他会主动去问那个最先误解我的亲戚，问我到底哪里让他不满意了。

他带着我去见他的亲戚朋友。起初我很紧张，但每次他都会紧紧握住我的手，告诉我别怕。一起吃饭时，他总会主动给我夹菜；跟他的亲戚们相处时，去哪里，他都会紧紧牵着我的手，不让我落单；在谈到关于我的事时，他总会当着他家人的面一直夸我。每次都如此。

情感博主们都爱说：“男生家人对你的态度，取决于男生对你的态度。”从他那里，我相信了这句话。

在这段感情里，他比我更勇敢，比我爱得更坚定，比我更有担当，他比我更加相信我们最后会在一起。

他让我明白：如果你真的认定了一个人，那就勇敢且坚定地走下去。还是那句话：爱情是勇者的游戏。

想要赢得爱情，那就勇敢一点。爱拼才会赢嘛。

4

恋爱之初，我们就说好不吵隔夜架，有什么问题当晚说清楚。

当天不管有多晚，只要一方还在因为这件事不开心，另一方都会认真地去跟对方讲清楚，直到双方没有疑虑为止。

这真的是很大一个优点。

不过最初，我并未觉得这是一个多大的优点。

最开始的时候，我也委屈过。别人的男朋友都会对自己的女朋友宠爱有加，不管女生做错了什么，都让着，宠着，为何我的男朋友不能如此？每次吵架，他都执着于跟我讲道理，分清谁对谁错。

年轻的女孩们谈恋爱或多或少总会受所谓的恋爱“圣经”影响。很多恋爱“圣经”都说：“一个男人如果真的爱你，就会很包容你，而且你在跟他相处时总能感到轻松愉悦。”我曾经也这么认为。

我怀疑过这个男人不是真的爱我。

在某次吵架后，我很委屈地哭着对他说：“别人的男朋友都能让着自己的女朋友，为什么你不会让着我，反倒总会直接指出我哪里做得不好？你为什么就不能多疼我一点呢？”

他的回答我至今想起都很感动。

他说：“如果我把你当成一般的女生，你说了让我很不舒服的话，做了让我很不舒服的事，我大可不说，我大不了不再跟你相处。但是，你是我想要共度一生的人，我不想我们因为一两件事就产生隔阂。我更愿意我们遇到问题时能摊开说。我们能平等地说出对方不好的地方，也能一起想办法去共同解决这些问题，以此慢慢达到彼此相处时的平衡点。尽管这很难，但我愿意跟你一起磨合。”

情感博主们总爱说：“在爱情里不能讲道理，吵架时抱住她、爱她就行了。”对于这一点，我已经不认可了。

一个温柔的拥抱能帮对方暂时缓和情绪，但缓和情绪之后呢？剩下的只是无尽的怀疑与猜测。怀疑对方不爱自己，这是一种消耗。

真正能解决问题的，还得是两个人理性的对话。

年少时，我喜欢感性且完美的爱。但真正成熟后才发现，世上并不存在永远让你舒服的关系。那个人再爱你，对方再好，也总有一些时刻，你会因为这段关系委屈或难过。

这是爱情的常态。

幸运的地方是，如果遇到一个好的爱人，他会一次次治愈你，你也会一次次治愈他。

好的爱人总有办法治愈你，好的爱情一定是相互治愈。

5

我们俩的工作都很忙碌，但不管多忙碌，我们每天早上起床后都会和对方聊天，会分享彼此的一日三餐，每晚睡前，我们都会抽出一个小时甚至更久，跟对方聊聊白天遇到的有趣的事，或是就每日新闻进行讨论。

因为工作性质，他每日需要起得很早。于是，我慢慢改变了自己的作息习惯，每晚十二点之前入睡，早起做运动。每天早晨他想赖床时，一看我已经起来了，他也能立刻起床。我每次想赖床时，一想到他起床了，也会麻溜地爬起来。

他喜欢打游戏，我偶尔也玩游戏，于是我们找到一个彼此都还算喜欢的游戏，闲下来一起玩。我喜欢去网红餐厅打卡，喜欢吃好吃的，玩好玩的，于是他一有时间就带我去吃美食，带我去好玩的地方玩。

恋爱之初，我对他开玩笑说："我们现在有这么多话聊，会不会聊久了，新鲜感不再了，我们再也没有共同话题了？"

他说："你会担心有一天你跟你的朋友没有共同话题聊吗？只要想分享，总有能分享的。"

所谓新鲜感，不是爱腻了一个人，就去换另一个人爱。不，不是的。爱情里的新鲜感是，我们一次次重新爱上对方，我们找些新鲜的东西一起去体验、去享受，是我愿意为你妥协一点，你也愿意再靠近我一点。

不要惧怕新鲜感消逝，事在人为。

6

很多人认为在成年人的世界里，没有爱情，只有利弊权衡。曾有那么一段时间，我也被这些观点困扰过，总觉得如果一个人真的爱我，那么他就该爱不加任何修饰的原原本本的我。

但这世间的爱都带有条件。随着年纪增加，在优秀与被爱这件事上，我终于跟自己和解了。

十八岁时，我眼中那些长得更好看的女孩们，会更被男孩们喜欢；二十岁时，我明白那些网络平台上粉丝数量更多的大V，会更受出版社青睐，被给予更高的版税；二十五岁时，我发现那些家境更好的女孩、那些老公地位很高的女孩，更不容易被老板拿捏，平日再严格的老板，对她们也会宽容三分；再后来，我每天都在为“我要变得优秀，我要有更好的前途，才会赢得别人的尊重”这件事焦虑，并为之努力。

我不想把爱情这件事说得过分崇高与美好。

优秀与被爱，不一定成正比。但在世俗社会，想要赢得一份高质量爱情，当事人本身肯定需要是优秀的。

我坦然承认，在我们的这段关系里，也存在这些世俗的心思。

很大程度上，我因为足够优秀、足够美好，才被他看见。我曾很讨厌这一点，但后来想想，我又何尝不是因为他的优秀、他的好，才决定选择他？没人会真的喜欢一个糟糕的人，我们得坦然承认这一点。

他喜欢我的优秀与努力，他愿意支持我成为一个更优秀的人。我欣赏他的聪明与真诚，我也愿意陪伴他成为更好的他。彼此支持，一起成为更优秀的大人。

这是成年人世俗世界里的浪漫。我喜欢这种世俗的浪漫。

如今，我依旧坚持自我，但我也不再排斥世俗。

既然这个世俗的社会有一些既定且无法改变的游戏规则，那我便拥抱这部分规则，成为世俗意义上落落大方且优秀的大人。

在这个世俗世界里，做一个物质世界还算富足、精神世界丰富、爱情世界与别人势均力敌的人。会爱别人，也有人爱；有钱花，也肯在挣钱这件事上努力；永远努力生活，也永远保持可爱，做一个世俗但浪漫的大人。

这样也挺好的。

7

朋友问过我，在这段感情中有没有不安的时刻。

诚实地说，有过。

过去不安过，现在偶尔也会不安。我相信，未来也会有很多不安时刻。

为什么不安？

担心我在这段感情中变得越来越糟糕，害怕某天他被另一个年轻女孩吸引，担忧感情出变数，以及我不敢面对一份平淡的感情。尽管我知道，任何热烈的感情到头来都会回归平淡，只是早晚而已，但每每想起这些，总是忍不住焦虑。

我跟他说过我的这些焦虑，他每次都跟我说："我们很早就谈论过彼此的底线。在这段感情里，我们看重的是彼此对感情的忠贞，那么我相信你，你也要相信我。”

我被这些话治愈过。

但是每隔一段时间，这股不安就会跑出来作祟。我知道他很好，但我发现我就是没办法完全放心地把我的幸福交到别人的手里，换成任何人都不行。

不只我，很多女性也都是如此。

所以，后来我不再寻求从别人的身上获得安全感。

我知道，恋爱中不安不是因为我不够坚强，我内心的那个小孩只是在担忧以后的自己会过得不够幸福。我们渴望幸福，但又害怕自己过得不幸福，这才是不安的原因。

我只能一遍遍告诉我内心的那个小孩：“没关系的，你以后会很幸福的，你已经长得足够大，也足够有能力让未来的自己幸福。不论你爱着谁，跟谁一起生活，抑或是离开谁，以后的你都会过得很好。”

女性们艰难的地方在于，她们一面渴望爱情，一面又不敢真正拥抱爱情。就如前面的我，尽管写了很多关于他的好，但在面对这段感情时，我依旧不安。女性的不安，一直存在。

只是，我不想再去指责这种情感上的分裂，也不想揪住这份不安去给女性们贴上一个个“没安全感”的标签。

没人能永远坚定，也没人能永远自信。允许自己脆弱，允许自己偶尔不安。而后去相信，即便带着这份不安感，我们依旧能很好地去爱人，依旧能很勇敢地走入一段关系，依旧能活得很漂亮、很幸福。

8

《那不勒斯四部曲》的第一部《我的天才女友》和第二部《新名字的故事》讲述了从小不算聪颖但坚持读书的莱农成为作家，出版著作，嫁给了家世很好的大学教授，成功实现阶层跨越，而从小天资聪颖但早早放弃读书的莉拉，在社会最底层为生计挣扎着，活得很辛苦。

通过他们的故事，我真切地感受到对女性来说，坚持读书真的能改变命运。

但在看第三部《离开的，留下的》和第四部《失踪的孩子》时，我推翻了之前的想法。女性无论嫁给谁，是富贵还是贫穷，在婚姻里受的苦都不会少。女性身份使然，要面对生育痛苦，生育后又要面对烦琐的家务，还要面临牺牲事业和自我发展的选择。

婚姻日渐平淡，另一半冷漠，迷失在家庭琐事中……每一件事都吞噬着人。

所以，那天他很开心地跟我打电话说，他父母跟我父母的见面很顺利，我父母答应我们结婚了，电话这端的我呆呆的，不知道说什么。不知道是害羞，还是开心过头，还是有什么别的情绪，总之那晚我的心情很复杂。

第二天他跟我聊起这件事，他说，他感觉我并未因为听到这个消息而开心。

我说，我是开心的，但另一方面，我又有点不知所措。我不知如何扮演好我接下来的角色，我不知道如何做一个好妻子、一个好儿媳，甚至以后当一个好母亲。

我受过高等教育，有着高学历，我也看了不少书，我知道如何成为一名好学生，如何成为一名被别人喜欢的社会人，但就是没人教我如何做别人的另一半，如何经营好婚姻。

面对这些我从未涉足过的新生活，我真的紧张。我很想把这些事做好，如往常我做过的很多事一样，一旦决定做，就要做得很出色。但是，我又害怕在这个过程中会遇到我无法招架的变数，影响我正常发挥。

有人对《那不勒斯四部曲》的第三部《离开的，留下的》写了这样的书评："我曾经以为我读了足够多的书，我有足够强有力的赚钱能力，我有足够美好的家庭，我一定能够逃脱家务对我的压榨和戕害，我一定能够逃脱原来的女性之路，去获得一份更为美好的人生，但是随着年岁渐长，我发现我不可能挣脱那张套在我身上的网。"

就像我不能任由家里变得肮脏，我不能不牺牲我看书学习的时间去打扫，我不能不照顾我以后的家人和孩子，我不能再一往无前地完成我的事业。这是如我和莱农这种平凡的人的困境吗？还是连天才女性都逃脱不了的命运？

在婚姻这件事上，我曾困惑过。后来，我好像找到了答案：树立理想、培养逻辑思维、阅读高品位书籍等不能让别人爱你，却能让你坦然接受不被爱。

婚姻中的不确定性，谁都没办法预知，但女性尽可能多地接受教育还是有好处的。教育培养我们独立思考问题的能力，让我们拥有甄选爱人的本领，也让我们能坦然接受失去与不被爱。这一点，适用于爱情，也适用于婚姻。

此刻的我，不再把婚姻中的不确定性当成必须要攻克的难题。每个人的婚姻都是如此，不必困扰。

我们要做且能做的就是，如果真的决定跟某个人走进婚姻殿堂，那就勇敢坚定地去爱。如果有一天真的爱不下去了，那就豁达点儿，祝你离开后也能有离开后的精彩。

9

年少时面对感情，我不止一次怀疑过自己，我不知如何接受一份喜欢，也不知如何表达自己的喜欢。那时候，我很好奇那些成熟女性们的爱情经历，我很想知道那些大姐姐们在遇到这些爱情题目时会怎么作答。

我很想偷看那些能在爱情这门考试中拿到高分的大姐姐们的答卷，真的很想。

如今，我也终于长成别人眼中成熟大姐姐的模样。但面对爱情，依旧会困惑，总是会不安，偶尔也没办法做到那么落落大方，也有焦虑，也有紧张，也有害怕。偶尔也想过如果我这辈子是个男生就好了，或许会少很多烦恼。更多时候，会担心自己长得不够好看、身材不够好、不被爱，偶尔也会有一些很龌龊的小心思。

我不想掩饰这一切。

我并不介意把我的困惑、焦虑摊开来任君观看。生而为女性，尽管会有艰难时刻，尽管在有些瞬间没办法爱得那么坦荡与勇敢，尽管会遇到不少委屈，我们最终还是会健康、平安地长大。我们都是这样摇摇晃晃，但又很坚定地长大的。

我想跟少女时代的我及每一个年轻懵懂的女孩们说：爱情这张答卷，并无标准答案。即便是成熟大姐姐，在落笔答题那刻，内心也是充满不确定的。但是，这些都不重要。因为既然并无标准答案，言之有理即可。

无论我们选择爱什么人，无论我们选择过怎样的人生，认真做自己的答卷，努力做到逻辑自洽，让自己过得幸福，就是一种成功。

别胆怯，按照你们想的那样去爱就行了。

这部分人生，我帮你们蹚过了，请放心地长大吧。

21#

—

普通人家的女孩，不能输

并非我喜欢“吃苦”，

只是普通人家的女孩，不能输。

无人在身后兜底，也无铺好的路。

想要的一切，无论是好的工作，还是好的爱情、好的人生，

都只能靠自己去争取，

用努力换一份稍微不错的人生。

—

1

早上起床，照着镜子，看着连续熬了两夜、脸上有着遮不住的疲惫的自己，我跟朋友说："我发现人真的不能熬夜啊。年纪小一点时尚不太明白，如今稍辛苦一阵、睡眠不好一点，第二日起床就会肉眼可见地苍老与疲惫，好似老了十岁。"

朋友调侃我道："凌晨一点睡，还能定个五点的闹钟说起就起，而后对着电脑工作超过十二个小时，顶着巨大压力写完一万多字的报告，不苍老才怪。"

我只笑笑说："那也没办法，就是有好多事等着我去做啊。"

朋友回一句："那你为什么要把自己弄得这么辛苦呢？"

这个问题，我问过自己很多遍，也曾不止一次因为这个问题而委屈过。

前几日，各种事务一下子全涌过来，我觉得压力很大。每日一睁开眼，脑子里想的都是今天的待办事项：完成一万多字的报告，在截稿日期前交完剩余稿件，要开几个会，还有学业任务需要我去完成。

在面对如山的任务时，我脑中的第一想法的确是"逃避"。不止一次侥幸地想着"要是此刻有个人能来帮我一起完成这些就好了"，也认真地在脑中搜寻过有没有这样的人，而后发现这世上并不存在能帮我完成这些任务的人。

只能自己硬着头皮去做。

在看了很多材料但依旧没看到我想要的素材时，感到很焦躁，最崩溃那会儿，真的好想把电脑摔了，不干了。面对电脑，一个字一个字敲着，一边敲，一边觉得自己写得很差时，也曾怀疑过自己，脑中也曾闪现过："我这么做到底有没有意义，我写这些玩意真的不是在浪费时间吗？"也曾很难过地想："同为女生，为何别人的生活那么容易？"也曾问过自己很多遍："我为什么要让自己这么辛苦？"

但无论当下是焦躁、委屈，抑或是崩溃，我都没想过要放弃。

我很熟悉也很擅长处理自己的这些情绪，如以往般，一边安抚着它们，告诉自己再坚持一下，此刻不是罢工的好时机，一边鼓励自己一定要在 deadline（截止期限）之前完成工作。

我以前以为我是一个很擅长坚持的人，所以不怕辛苦，不怕压力，不管遇到什么，都咬紧牙关，挺过去。

我并非真的不怕辛苦，在那些时刻我也感到疲惫、难受，想逃，没逃跑还继续的原因只有一个：这是我自己的人生啊，若我不坚强挺住，不努力进取，可能我会因没做好这件事而错失很多机会，甚至会破坏原有的生活秩序；可能逃跑一次，下次再遇到这样的情况我还是会逃，如此下去，总有无路可逃的一天，总有一天会吃更多的苦；以及，这虽是人生中很小的一环，但人生有蝴蝶效应，若放弃，若随便搞砸，若每次都这般，我想要的远方要如何到达？

并非我喜欢“吃苦”，只是普通人家的女孩不能输。无人在身后兜底，也无铺好的路。想要的一切，无论是好的工作，还是好的爱情、好的人生，都只能靠自己去争取，用努力换一份稍微不错的人生。

又哪敢轻易放弃。

2

你问：把自己弄得那么辛苦，不会觉得委屈吗？

也会。只是那份委屈，从来不是因为辛苦。

那份委屈来源于对比。

同样在最美好的年纪，我们比别人努力，比别人优秀，比别人更认真地生活，但凭什么别人能活得那么轻松，读书时只需好好完成学业，工作时只需按部就班完成工作，不需考虑太多现实的东西，不需考虑房价与房贷，不需考虑每个月要攒多少钱，不需考虑要怎样工作才能赚更多钱，因为房子、车子、工作，甚至是他们的未来，早已被铺好了路。

那份委屈更多地来源于“普通”。在有些人的眼中，家庭普通这件事本身就是原罪。

这些人可能是工作中遇到的领导，他们擅长看人下菜，对家庭背景好的孩子和普通人家的孩子是两副嘴脸；也可能是谈婚论嫁中遇到的对方的势利亲戚，一旦发现女孩来自普通家庭，那么不管这个女孩再优秀、再努力、再上进，他们在心里都认为“不太合适，她可能是看中我们的钱”。

因为“普通”，原本真诚的爱也被怀疑，好似普通人家的优秀女孩就不配拥有爱情。难道真诚喜欢一个人是你们这些所谓的比我们多活了几十年、多赚了些钱的人的特权吗？你们又凭什么觉得四十年后，到了如你们般年纪，我不会比现在的你们过得更好呢？你们凭什么因为别人家境普通就否定别人父母的能力，就去看低别人家脚踏实地把自己的子女养得很好的父母？

“普通”本身已经足够让人受尽委屈了，又怎敢不努力？

3

有朋友说我用力过猛了，每日要么忙学业，要么忙写作，要么忙工作，从不给自己喘息的机会。他问我：“难道你不感觉累吗？”

当然累。

但是，向上的路，哪一条不难走。

在成长路上，我也听过类似“女生活得漂亮，不如嫁得漂亮”的言论，也有人跟我说过“与其自己那么辛苦赚钱，不如多放点心思在恋爱上，找个条件好点的人嫁了”。

找个男人嫁了，普通女孩的人生就会变好了吗？

不会。

我始终觉得，每个人都有他自己的人生难题要去解决。换句话来说，众生皆辛苦，大家都有自己的人生江湖要应对。你眼中看起来无所不能的男人也有他要应对的工作焦虑、生活焦虑、年龄焦虑，他们也有压力大到喘不过气来的时候。我们每人周全自己的人生已属不易，没人能十年如一日地以你的感受为核心、背负你前行。

人都是会有怨言的。即便这个人此刻再深爱你，十年如一日，你倚靠着他，整个家庭都倚靠着他，久了，他也会有怨言的。人性有时很无私，但有时也是很自私的。

倚赖别人的人生，本是一件辛苦的事。

看他人的眼色，伸手向别人要钱，累吗？将自己的未来寄托在另一个人身上，担心对方变心，担心感情出变故，担心自己不被喜欢，猜忌又患得患失着，累吗？成为家庭主妇，失去经济话语权，放弃工作，开始相夫教子的生活，忍受着教育不好小孩被亲戚指责，每日深陷各种婆媳关系、家长里短的闲言碎语中，累吗？

一句话，无论选择怎样的人生，总是辛苦的。每条路都有各自的辛苦，哪有不累的人生。

既然劳累无可避免，那我就选择那种我可以接受的劳累方式：靠自己。

我总觉得，每个人要面对的人生困难份额是固定的，你此刻不去承担、应对本该属于你的人生苦难，那么那部分你逃避掉的苦难，你以后也还是得承受的。不要指望旁人的到来真的能帮我们分解丝毫烦恼，真正能拯救我们的只有我们自己。

4

你问："作为一个女人，不懂示弱，不懂服软，不懂依赖，活得那么硬、那么坚强，活该辛苦，如此这般，还需要爱情干吗？"

要爱情吗？要。成为一个坚强的人与成为一个值得被爱的人，这二者并不冲突。

我始终坚信，只有过好了自己的生活，让自己开心，再和另一个人在一起，两个人才会更加开心。

爱情终究不是一个人拯救另一个人的游戏，两个人大多数时候都能处理好自己的生活，才能快乐地在一起。在那些没办法处理自己情绪的少数时刻，我们就互相陪伴，互相支撑。当然，一段爱情里肯定有不同和矛盾，只有快乐大于难过，美好大于崩溃，这段感情才能长久。

可以依赖爱人吗？也可以。但你不能只依赖他，最好你也能成为被他依赖的人。

我理想中的那个人，既是爱人，也是我人生的长期合作伙伴。

恋爱之前把好关，选择那个能成为我人生长期合作伙伴的人在一起。在一起后，各自完成各自的工作，需要帮助时互相搭把手，情绪失落了互相鼓励，能一起吃喝玩乐，也能一起认真工作。而一直以来，我在做且必须做的是，不因为有这段爱情，也不因为有这个人的宠爱就自废武功，不把自己人生变好的期望寄托在对方身上，依旧努力，依旧向上，依旧自己挣钱搞事业。

不把生活压力都给对方，也不限制自己的人生发展。始终保持努力，保持奋进，保持自己对生活的主动权。

5

若有人问：普通人家的女孩一定要那么好强，要让自己那么辛苦吗？

不，也有别的选择。也可以选择读个差不多的大学，找个差不多的工作，嫁个差不多的老公，过着差不多的生活，如大多数人一般。

普通人家的女孩，也并不一定就比其他女孩过得更辛苦。普通人家的女孩，不是不能输，而是如果你不想这辈子就只是一个普通人家的默默无闻的普通女孩，你就不能输。

我看过一段话：

“常常在熬不住的时候，也想找个靠山靠一下，可怎么找都会发现，有的山长满荆棘，有的山全是野兽，所以你应该是自己的那座山。”

说到底，女人还是要自强，努力成为一个有力量的人，拥有不容易生病的身体、够用的收入、养心的爱好，以及强大的小宇宙。不一定要成为生活的强者，但也不要让自己变成在生活的泥潭里苦苦挣扎的人。

人生这块田，好好种，种什么都会开花结果。

后记

上交这本书稿的一周后，是我的二十七岁生日。

想象中二十七岁的自己应强大得早已不会再随便为什么事而难过，她足够温柔、足够坚强，她活得很耀眼，她过着自己喜欢的生活，自得其乐。

但现实世界里二十七岁的我，总觉得差点儿意思。

完成这篇后记的前一晚，我还因一些不得不面对的变动而哭泣。躺在床上，一边委屈到眼泪止不住流，一边又怕自己哭得太大声，被生活听到了得到更严重的惩罚。

即便依旧会脆弱，相比二十岁时也有了些进步。二十七岁的女人，哭完也能认真睡去，睡足醒后，睁开眼看到窗外和煦宜人的春日阳光，神奇地被治愈，总觉得一切还有希望，生活还有机会改写。

我给朋友发去一条消息：“深夜觉得日子过不下去了，一觉睡醒，又觉得生活充满生机。果然成年人的抑郁情绪只发生在深夜，夜里再崩溃，天一亮，又是坚强女超人。”朋友说：“你要好好感谢你身体里的细胞，在你睡着时，它们肯定在很努力地治愈你。”

我回一句：“感谢我身体里每一个平凡但不普通的小细胞，感谢崩溃后还能站起来往前走的自己。”

在过去的二十六年，我很普通。

日子没活成想象中那般耀眼；没有想象中那般坚强，偶尔也会脆弱，也会崩溃大哭；没有做到绝对自律，偶尔也会体重失控，依旧需要不断跟体重做斗争；没有实现最终的情绪自由，偶尔也会对未来、对人生、对感情很没有安全感；没活成那种很有能力、总能周全自己的模样，也会因为一些工作没做好而被骂，也会遇到自己没办法解决的事情；也没活成我想要的理想模样，偶尔觉得生活很好，但偶尔也觉得生活一地鸡毛，离美好生活相距很远。

但有时也觉得自己还是挺了不起的。

向上的路上坎坷不断，但在每个不那么耀眼的平凡日子里都认真生活；即便偶尔脆弱，在那些心碎、痛哭的日子里，依旧没放弃对成为“内心强大的人”的追求，依旧以此为目标鼓励自己再坚强一点；即便偶尔体重失控，每次失控后也都能恢复；偶尔会患得患失，会为不确定性焦虑，但朝未来前进时又比别人走得更坚定；偶尔会搞砸一些事，也会因为被批评而难受，但从没气馁过，不管过程多坎坷，凭借那股不认输的好强劲儿，最后也能把人生过好。

在我的后少女时代，我不再迷恋极致的好，也不再追逐极致的完美。

我承认自己普通，我终究没办法成为那种杀伐果断、遇事不眨眼的干脆之人；我没办法做到永远自律，时不时也会让体重失控；我没办法做到真的永远坚定，也会有缺乏安全感的焦虑时刻；以及不管如何努力，我好像都没办法成为那种做什么都上手快、能力强的聪明人。

二十六岁的小文，开始接受自己的普通与不完美，不再自卑，也不再用未来的那个自己会更好更完美来自我安慰。

我觉得那个偶尔有点脆弱、偶尔不那么自律、偶尔不那么坚强、偶尔会搞砸一些事、偶尔也会为一些事患得患失，但从未放弃，总是一步步朝着未来坚定迈进的那个笨拙但始终认真生活的自己，也挺了不起的。

每一个普通但努力生活的年轻女孩，都很了不起。

致敬在这个偶尔复杂又糟糕的世界里，依旧选择浪漫活着的你。

图书在版编目（CIP）数据

不必等风来，你跑起来就有风 / 文长长著 . -- 北京 ：新世界出版社， 2022. 12

ISBN 978-7-5104-7527-6

Ⅰ . ①不… Ⅱ . ①文… Ⅲ . ①成功心理—通俗读物 Ⅳ . ① B848.4-49

中国版本图书馆 CIP 数据核字（2022）第 168026 号

不必等风来，你跑起来就有风

作　　者：文长长
责任编辑：董晶晶
责任校对：宣　慧
责任印制：王宝根　苏爱玲
出　　版：新世界出版社
网　　址：http://www.nwp.com.cn
社　　址：北京西城区百万庄大街 24 号（100037）
发 行 部：（010）6899 5968（电话）　（010）6899 0635（电话）
总 编 室：（010）6899 5424（电话）　（010）6832 6679（传真）
版 权 部：+8610 6899 6306（电话） nwpcd@sina.com（电邮）
印　　刷：吉林省吉广国际广告股份有限公司
经　　销：新华书店
开　　本：880mm × 1230mm　1/32　　尺寸：145mm × 210mm
字　　数：200 千字　　印张：8
版　　次：2022 年 12 月第 1 版　2022 年 12 月第 1 次印刷
书　　号：ISBN 978-7-5104-7527-6
定　　价：52.80 元